介護もアート

折元立身　パフォーマンスアート

Art Mama (Small Mama + Big Shoes)　アートママ（小さな母と大きな靴）1995年

上　Tire Tube Communication - Mama and Neighbors　タイヤチューブ・コミュニケーションー母と近所の人たち　1996年
下　Tire Tube Communication - Mama and Neighbors　タイヤチューブ・コミュニケーションー母と近所の人たち　1996年

Performance: Bread-Man Son + Alzheimer Mama　パフォーマンス：パン人間の息子とアルツハイマーの母　1996年

上　Performance: Bread-Man with Bus Driver, London　パフォーマンス：パン人間とバスドライバー，ロンドン　1996年

下　Performance: Bread-Man in the Morning Cafe, Nepal　パフォーマンス：朝のカフェでのパン人間，ネパール　1994年

Performance : Bread- Men　パフォーマンス：２人のパン人間　1992年

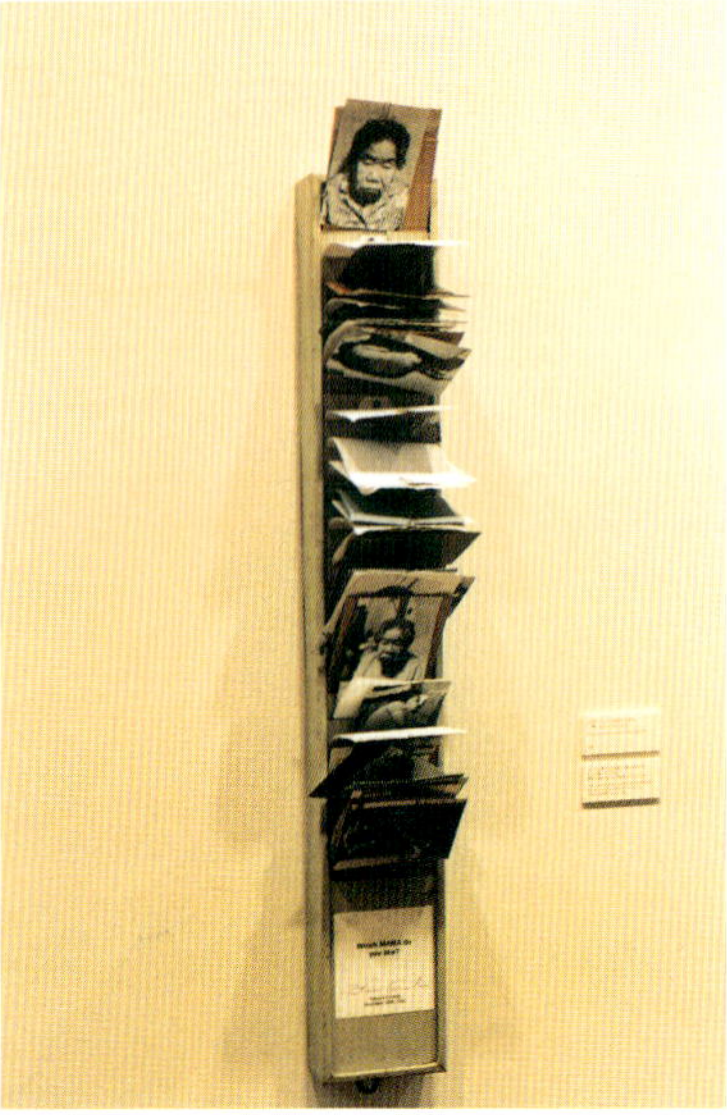

上　Letter Box and Art Mama　郵便受け箱とアートママ　2000年
下　Which Mama Do You Like? (Time Card Box)　どのアートママが好きですか（タイムカードボックス）1998年

16 PEOPLE + 16 DRUM CANS　16人と16個のドラム缶　2002年

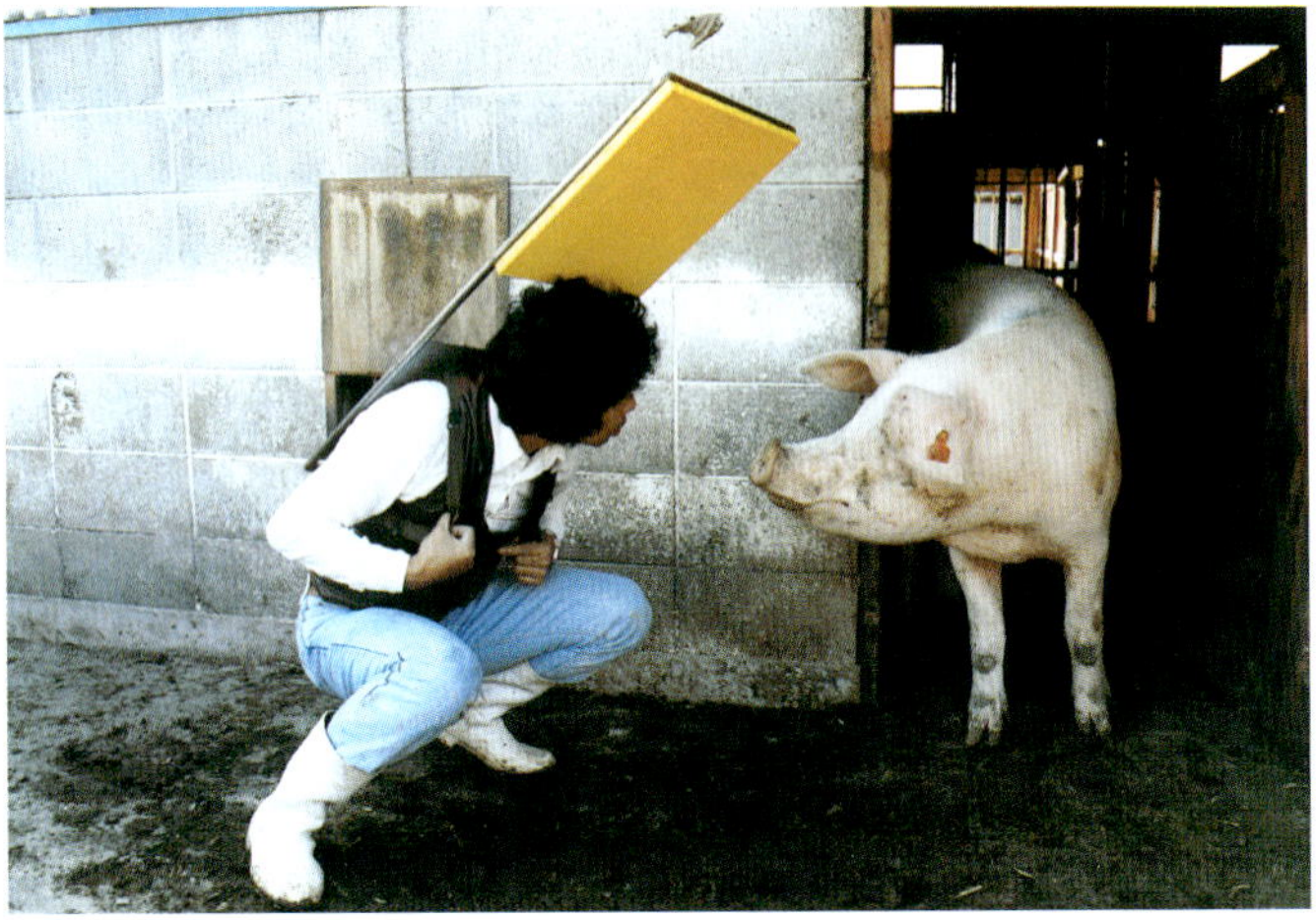

上　Performance: I Show the Yellow Painting Board to the Pig　パフォーマンス：ブタに黄色の絵を見せる　1989年
下　Clock Man　時計人間　1991年

介護もアート

折元立身パフォーマンスアート

目次

In the Big Box　大きな箱の中で　1997年

プロローグ

十数年前から母はうつ病を患い、アルツハイマーの症状も出た。食事、洗濯、日常生活全般にわたって、五〇歳を過ぎた息子がその母との二人暮らしで面倒を見ている。母は、放っておけば一日中寝込みがちで、部屋に閉じこもった毎日が続いてしまう。

症状の進行を遅らせ、できれば少しでも回復を助けるために、できることは何でもしたい。だから、母を無理にでも散歩に連れ出す。朝起きると、顔を拭ってあげる。脳への刺激になるならばと、食事の後、ナイターを二人でテレビ観戦して、試合結果に五〇円を賭けるゲームをしながら、大きな声で母に意図的に話しかけ続ける。母は薬の飲みすぎによる副作用のせいで耳が遠くなっている。

ここまでは、要介護のお年寄りのいる家庭では、珍しくない光景かもしれない。ところが、ここからは、ちょっと違ってくる。

病気のせいで表情が乏しくなった母の頭に自動車の古タイヤをかぶせて写真を撮る。訪ねてきたお年寄りたちと一緒にダンボール箱の中に入ってもらう。銀座のギャラリーに人を集め、並べたドラム缶の中に、母を中心にして観客にも入ってもらう。顔にパンをくりつけて、その母と並んで写真を撮る。

まだまだいろんな行動がある。これらの行動はいったい何なのだろう。巻頭の口絵（1～8頁）を見てもらいたい。これらがアーティスト折元立身《おりもとたつみ》さんのアート作品群である。母の介護生活の記録を超えて、そのままが「パフォーマンスアート」になったものだ。

折元立身さん、五六歳（二〇〇三年現在）、母男代《おだい》さん、八四歳（同）。母と息子の二人暮らしが生み出したアート作品「アートママ」シリーズは、日本国内よりも世界的に評価が高い。つまり、これらの作品は、介護生活の記録ではなく、現代アートの作品として国際的な評価を受けているものなのだ。

パフォーマンスアーティストの折元さんは、代表作「パン人間」を一六年間も、世界中でパフォーマンス実演し、世界各地の美術館の国際展覧会やビエンナーレに参加している。

アーティストとしての創作活動が、母の介護に重要な役割を果たし、介護生活そのものがアートになるという相互に切れがたい関係で、介護であってアートであり、アートであって介護である。そして、記録でもある作品は、見る人にけっして暗さを与えない。むしろ、初めて見た人には不思議な印象を与える写真である。そしてだれもが、そこに心温まるほのぼのとした印象を抱く。古タイヤ、ダンボール、ドラム缶という廃棄物と、アルツハイマー、高齢、うつ病、という組み合わせであるのに、そこには悲惨さどころか、どこか愛すべきユーモアが漂っているのだ。

男代さん自身のキャラクターによるところも大きい。折元さんによると、「八四年生きてきた、積み重ねの厳しい人生の輝き」が「モナリザ」以上に美しいというのである。

本書は、折元立身さんの「介護とアート」をNHKテレビ番組「にんげんドキュメント」で追ったものを単行本に記録したものである。

作品に初めて接した者の印象に残る「人間的な温かみ」の秘密は、このドキュメントを見ていくとよくわかってくる気がする。

それは、折元さんのパフォーマンスアートが、母男代さんだけでなく、モデルになっている全てのお年寄りたちの心のうちに、このパフォーマンスが楽しくて仕方がないほどの生き生きとした刺激を与えていることが、作品を見る者に伝わるからだろう。

世界の現代美術館から招待を受けるほどに、この分野で注目されている折元立身さんのパフォーマンスアート。そのアートへの興味からこのドキュメントを読まれる読者にも、アルツハイマーの高齢者への介護の方法論的関心から読まれる読者にも、本書はたくさんの情報を提供するだろう。

たぶん、それだけではない。折元さん自身、男代さん自身、その他のモデルで登場するお年寄りたち自身が感じた心の中の楽しさのようなものが、読者にも同じように伝播して、少しの熱を帯びさせるに違いない。

一　男代さんとの二人暮らし

折元立身さんと母・男代《おだい》さんは、川崎市の自宅で二人暮らしである。

折元さんの父親は七年前に亡くなり、折元さんが男代さんの日常の世話をしている。父は福岡県から単身上京し、川崎市内の建築鉄骨会社の事務をしていた。父は、自分が薬を飲むときに、台所にいる男代さんを大声で呼びつけて水を持ってこさせるほどの亭主関白だった。

男代さんは三歩下がって主人の後ろを歩くという、当時にはありがちな典型的な妻だった。

母は、埼玉県秩父の出身である。男代さんの兄弟に女子が生まれると、その女の子たちは幼くして死んでしまう家系だと思われていたため、「男代」という名は、女子が生まれても、その子が早死しないようにと願って、「男に代わる」と名づけられたのだった。

男代さんは、小学校卒業と同時に一二歳で池袋の焼き肉屋に子守の奉公に出て、写真見合いで二二歳で結婚した。三人の男の子を育てるかたわら、苦しい家計を支えるために東芝の工場で草むしりの仕事や会社の寮の賄いなど、働きづめの人生を送ってきた。今でも散歩の途中に草むらがあると、無意識に草むしりをしてしまう。男代さんは六十歳代の末まで働いた。

折元家の生活は貧しく、一家は四畳半一間に五人で生活していた。この生活は一五年間ほども続いた。

折元さんの幼いときの記憶には、母の働き続ける姿しか残っていないという。折元さんがテストでいい点数を取っても、高い評価を得た絵を見せても、両親に誉められた記憶はない。

現在は八四歳（二〇〇三年現在）になる男代さんは、一〇年ほど前にうつ病を患い、脳が徐々に萎縮していくアルツハイマーの症状も進んできている。薬の副作用で耳も遠くなり、足は静脈血栓で歩くのも一苦労である。

医師からは運動をすすめられているが、声をかけなければ電気もつけないまっ暗な部屋に一日中閉じこもってしまう。折元さんがいるときは、寝床と居間を行ったり来たりの毎

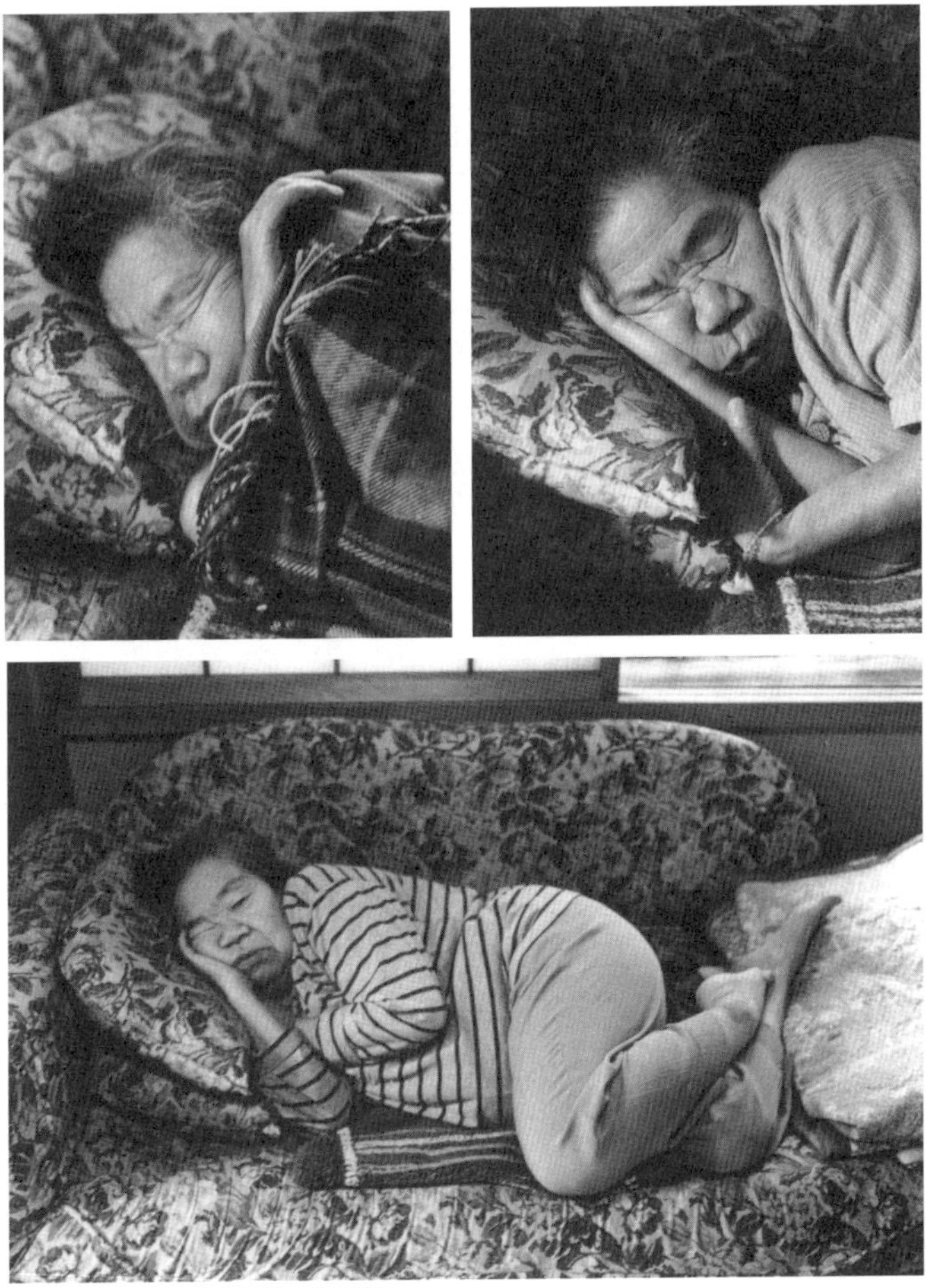

Art Mama Diary　母の日記　2000年

日である。

折元さんは、男代さんのことをやさしくて温かい人だという。父親が亡くなってからも親戚の人が訪ねてくるのは、「男代ちゃんがいるからよ」と言われている。それから折元さんのことも、「たっちゃん、明るいから」と、親戚からも周囲からも疎まれることのない親しげなコミュニケーションがある。

折元さんが持つ父の思い出は、取手市の枯れススキを通って競馬場に連れて行ってもらったことだ。それから、小学生のころから父に競輪場に連れられ、車券や馬券の買い方を教えてもらったことだ。しかし、折元さんは競輪も競馬もやらない。

母は、折元さんが小学生のころ、学生服を着せて、人形浄瑠璃に連れて行ってくれた。男代さんは尋常小学校しか出ておらず、一二歳で奉公に出たので勉強をしていなかったが、「私、歴史が好き」と、人形浄瑠璃への関心があった。

小学校に行くのに弟と折元さんの二人にお揃いの赤い服を着せられたことがあった。校舎の窓からそれを見た級友たちにひやかされたことがはっきりと記憶にある。その服の赤は、チャイニーズレッド。四〇年前の赤。「今、ぼくがピンクや赤が好きなのは、そのせいかもしれない」と、折元さんは言う。

ソファに寝ていた男代さんを折元さんは声かけて起こす。ソファの枕元にはクマのぬいぐるみが置いてあった。

「おひる！」と、男代さんを起こす折元さんのしっかりした声がした。

男代さんは、「ええっ」と面倒そうな声でゆっくりと起きあがる。

「お昼食べてくれる？」

折元さんに支えられて、男代さんはゆっくりと部屋を移動する。それから、食卓に座ってまだぼんやりとした男代さんの顔を折元さんは手拭いでごしごしと拭いてあげる。男代さんは黙ってなされるがままである。顔が終わると両手から腕にかけても手拭いで拭いてあげる。それでようやく、男代さんは目が醒めてきたようだ。

折元さんは、ご飯をお茶碗によそう。そして男代さんは用意された食事を静かに食べ始めた。これが、この日の男代さんのお昼ごはんの様子である。

その間、折元さんは洗濯物を干す。家事全般を折元さんはしっかりとこなしている。

夜は、二人でテレビを見ながら、折元さんは男代さんに話しかけ続ける。男代さんはテレビの野球中継を観るのが好きだ。男代さんは大の巨人ファンで、今夜も巨人戦のナイタ

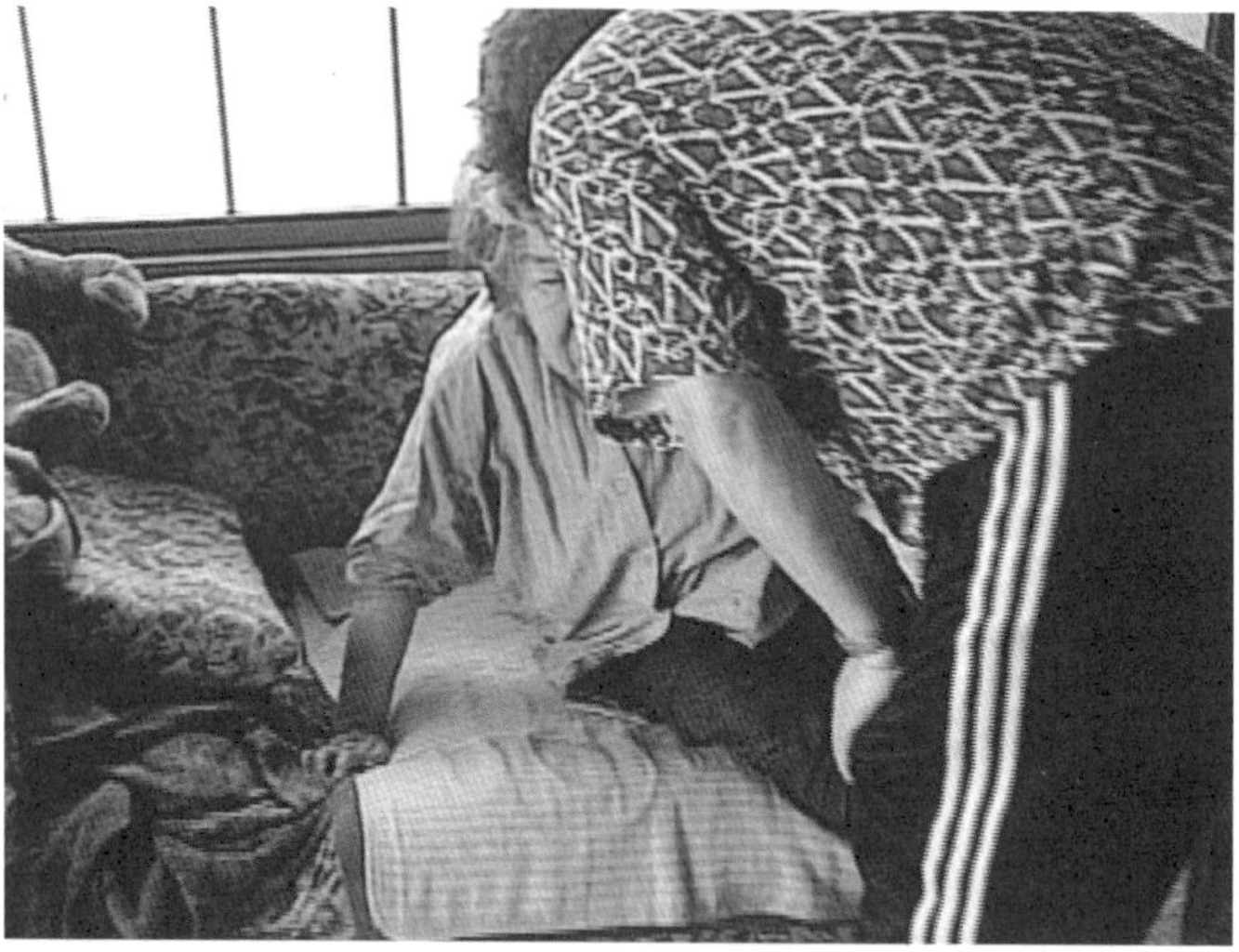

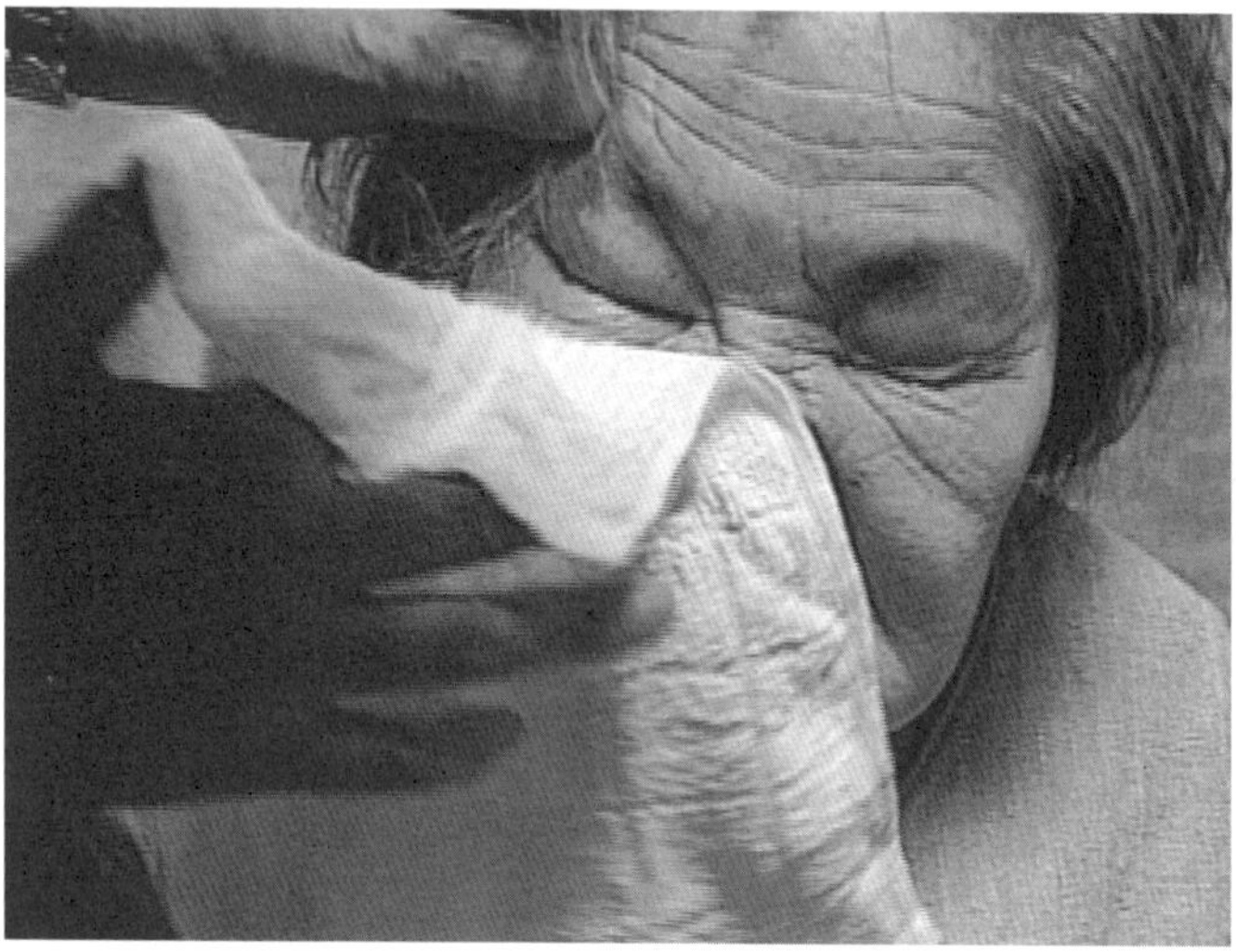

ー観戦である。

折元さんは手をパンパンと叩いて、「高橋、高橋、高橋だよ」と、バッターボックスに立つ巨人の高橋由伸選手がテレビに映ったのを見て、男代さんに話しかける。

あまり表情の変化もなくテレビを見ている男代さんの横で、折元さんは立ち上がった。そして、腕を高く上げてから親指を突き出し、座っている男代さんの親指に合わせようとする。男代さんもこれに反応して、二人の突き出された親指が押し合う。

二人には、二人の野球観戦の楽しみ方がある。

「お母さん、勝負ね」と折元さん。

「さあ、今日はいくら賭ける？」

パッと掌を広げて、「五〇円！」と、黙っていた男代さんがこのとき初めてはっきりと声に出して宣言した。そして、がまぐちから十円玉を五枚出した。

それを見て、折元さんはニコニコしながら、

「お母さん、今日は巨人負けます」と、挑発する。

「わかんない」と、ゆっくり応える男代さんは、テレビを見る気持ちにすでに力が入ってきている。

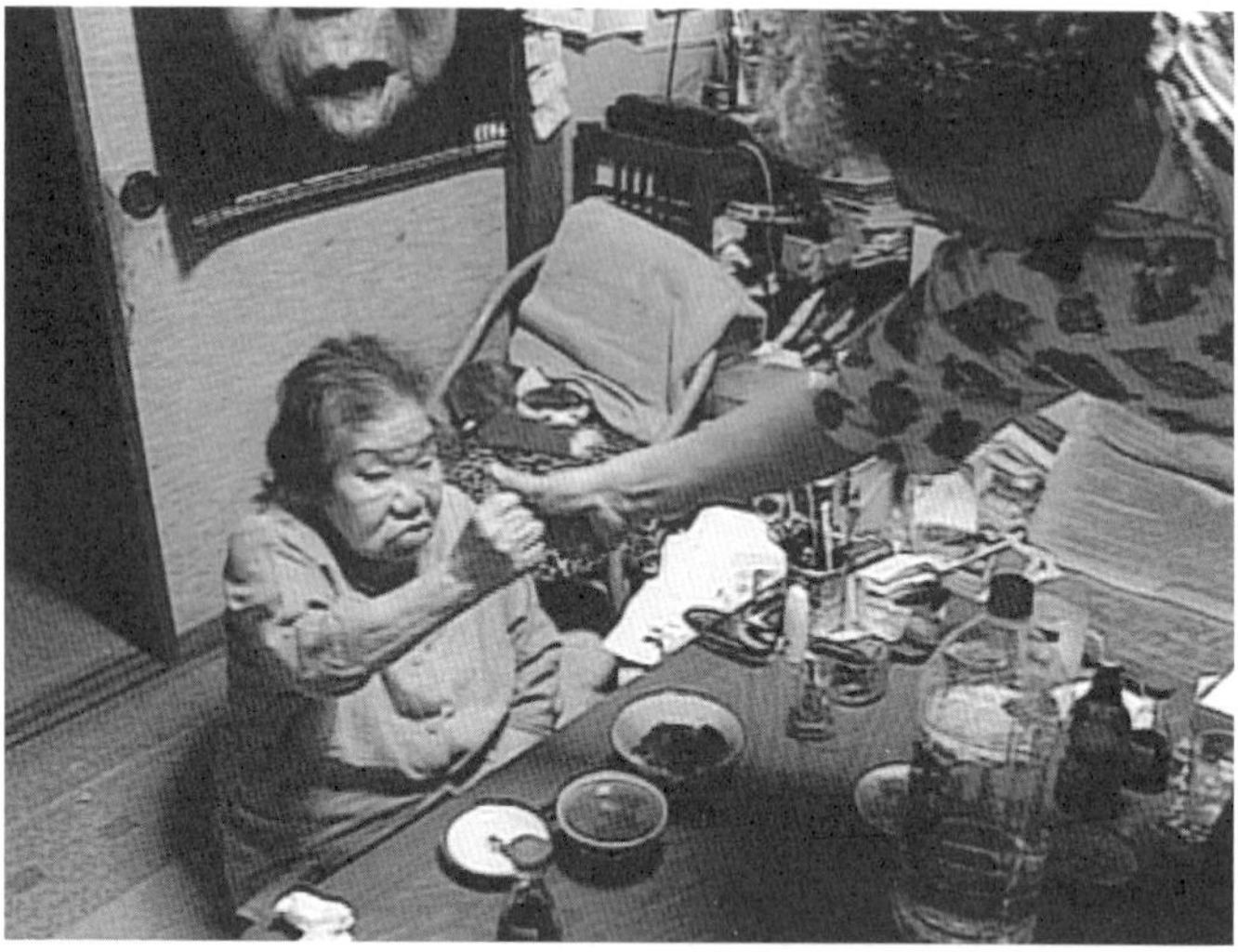

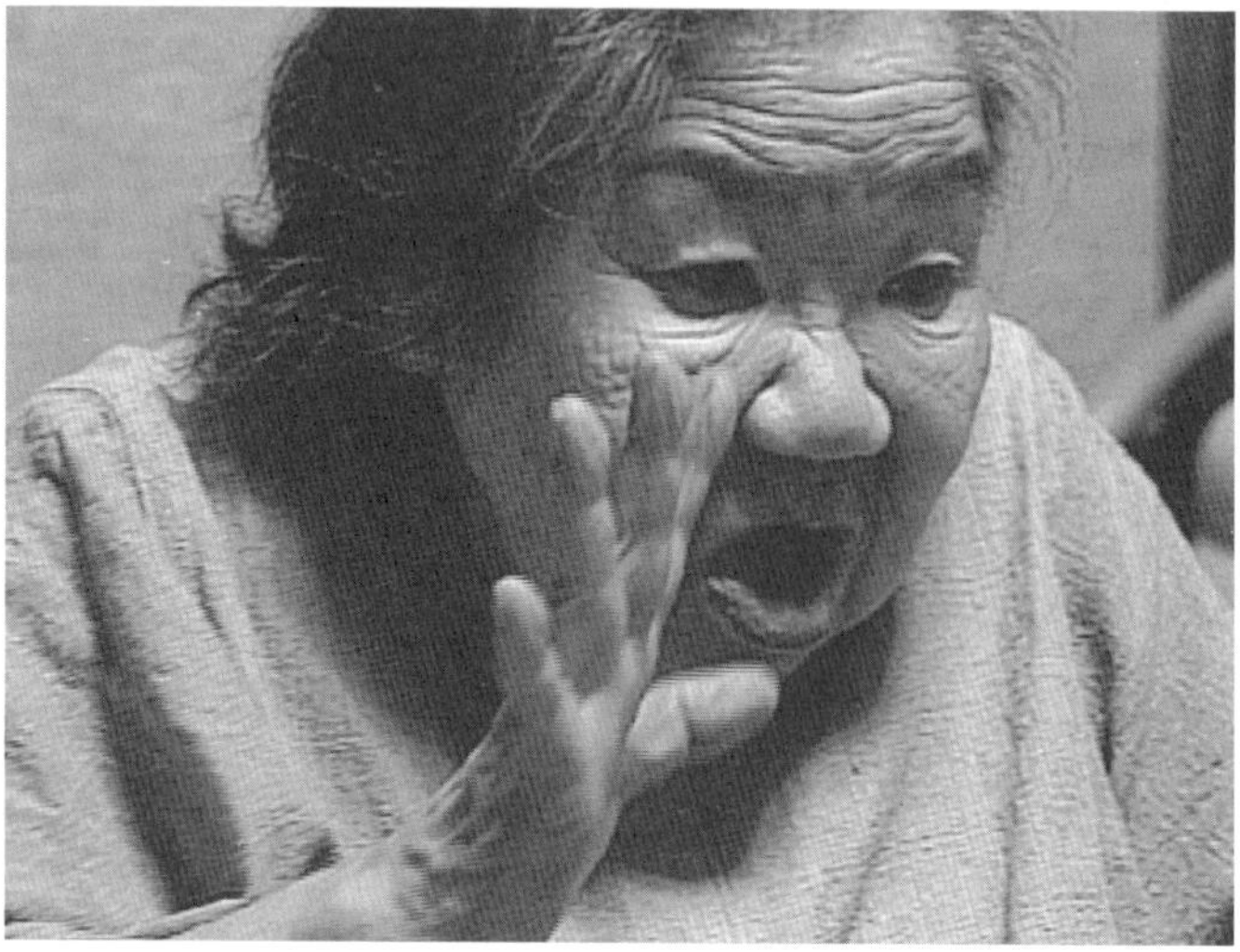

画面に映し出されたスコアボードは、２―０で巨人が今のところ負けている。

「二点差で負けるの！」

再び折元さんが男代さんを刺激するように挑発する。

「勝負！　じゃあ、これでいいね」と、折元さんも賭け金を出した。

男代さんは今度はそれには応えず、心はすでに試合のほうに行っていて、画面に向かって、拍子を取って応援の手を叩き始めた。眼が急に力強くなったように見える。

「今度は松井だ」

折元さんが言った。

「松井さん、ホームラン打ってください」と、しっかりした男代さんの声。

「ホームラン、ホームラン」と、声援のかけ声を出して手を叩いたちょうどそのとき、テレビの画面には、まさにそのとおりに松井がホームランを打ったシーンが映し出された。

折元さんは男代さんに向かって大きな声で「すごいねー」と、とても嬉しそうな声を上げる。男代さんの顔が、独特の愛らしい喜びの表情に変わったのがよくわかる。

「ばあさん、すごいね」

と、折元さんは言って、男代さんに握手を求めた。

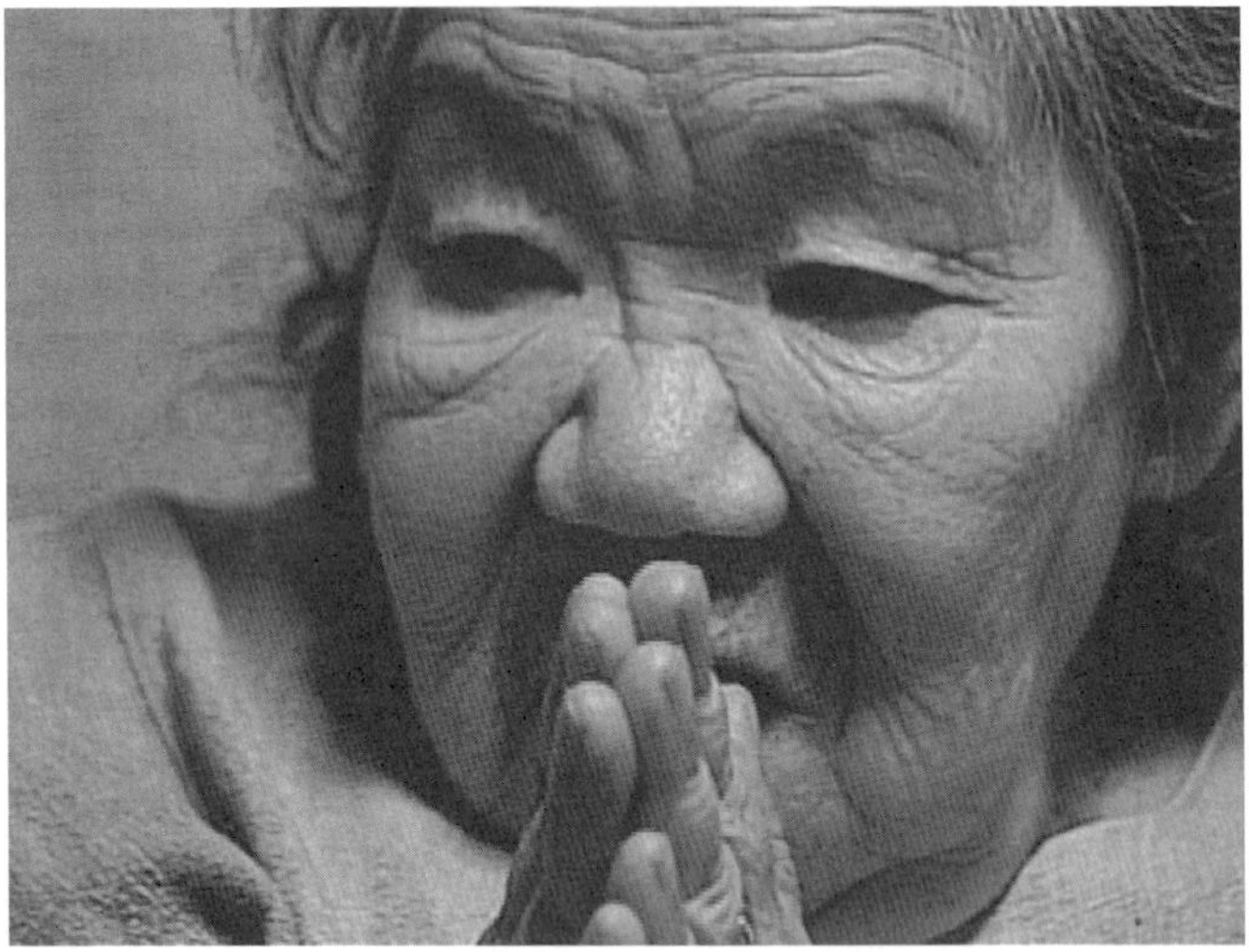

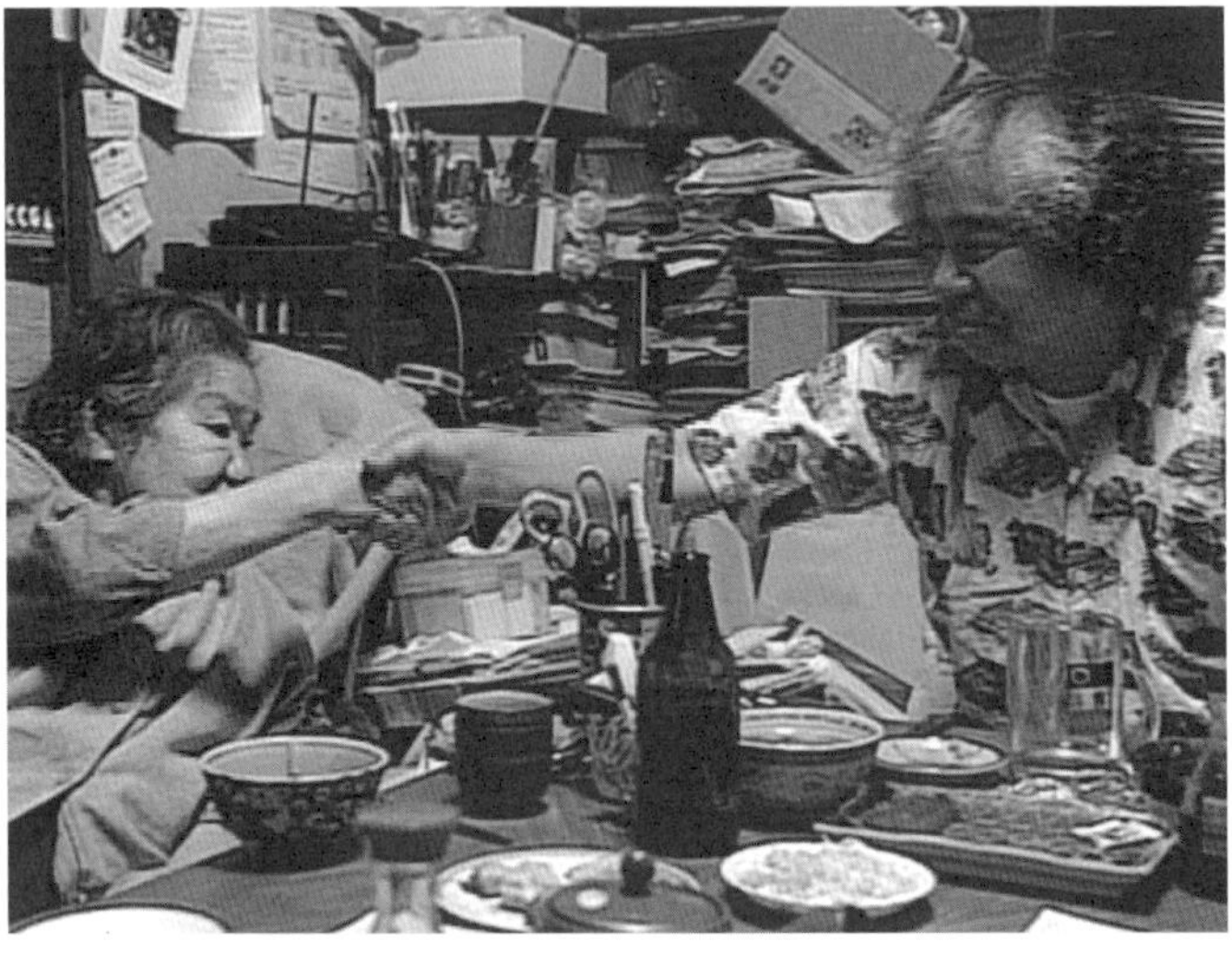

「そのギャンブルのお金、もらっていいです」

しかし、男代さんは冷静に、

「まだわかんない」と、呟いた。

折元さんは、母・男代さんとの生活のことを次のように語っている。

父親が生きているときにすでにうつ病っぽくなっていた。長い間、母の病気がわからなくて、大きな病院に一〇か月間入院していたが、それがかえってよくなかったようだ。病院では何もすることがないので、かえっていろんなことをやる気がなくなってしまって、それでうつ病が進行したのかもしれない。

父親が生きていたときから母の調子がよくなかったので、すでにそのころから食事の仕度は折元さんがするようになっていた。

そのとき、父と母では折元さんに対する対応が違っていた。例えば、マグロを買ってくると、父は安いマグロじゃなく、「値段の高いマグロ五切れでいい」と言ったが、折元さんは、みんなでたくさん食べられるほうがいいと思った。

味の好みは、男代さんも折元さんも辛口好みだったが、父からは「こんな辛いおでんは

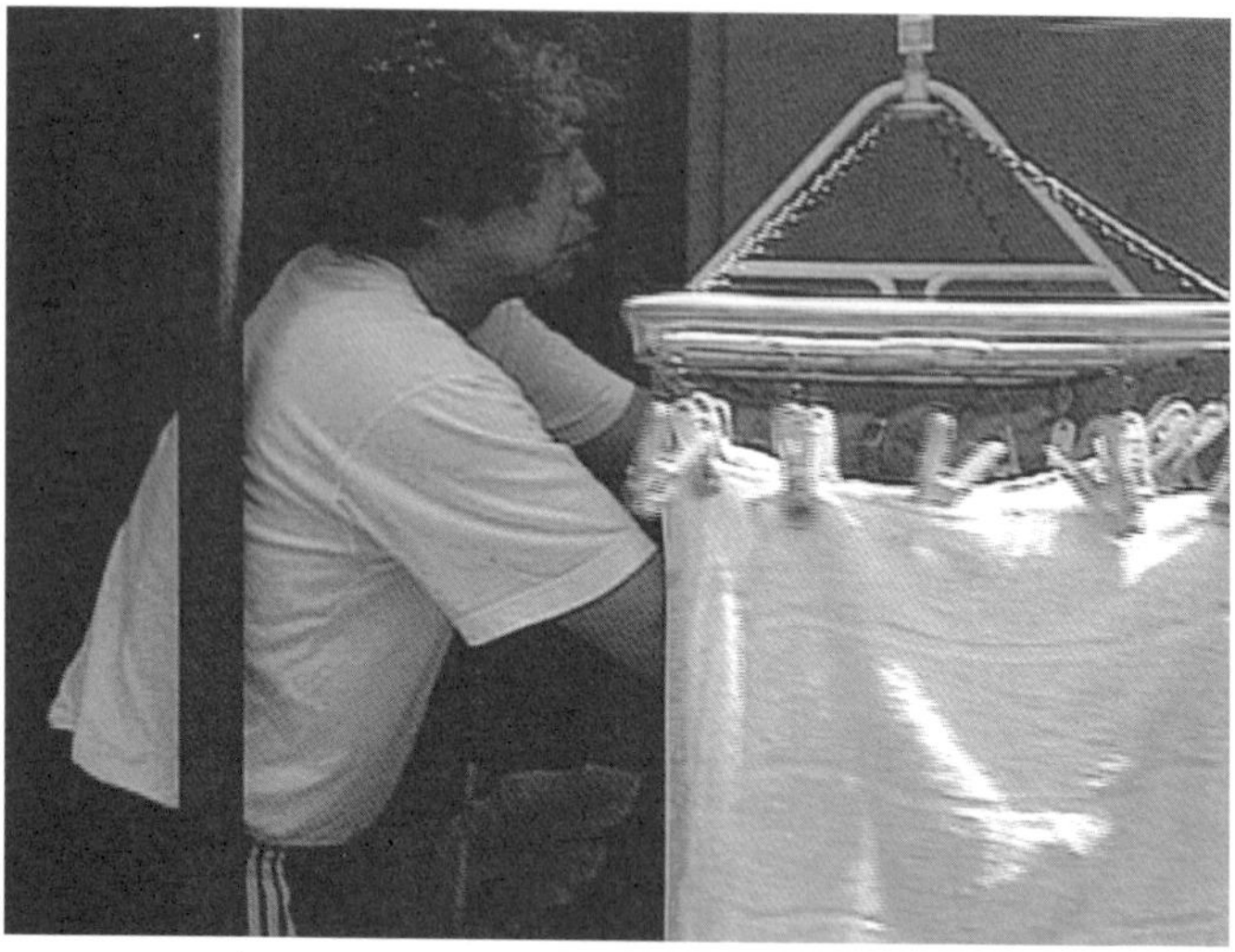

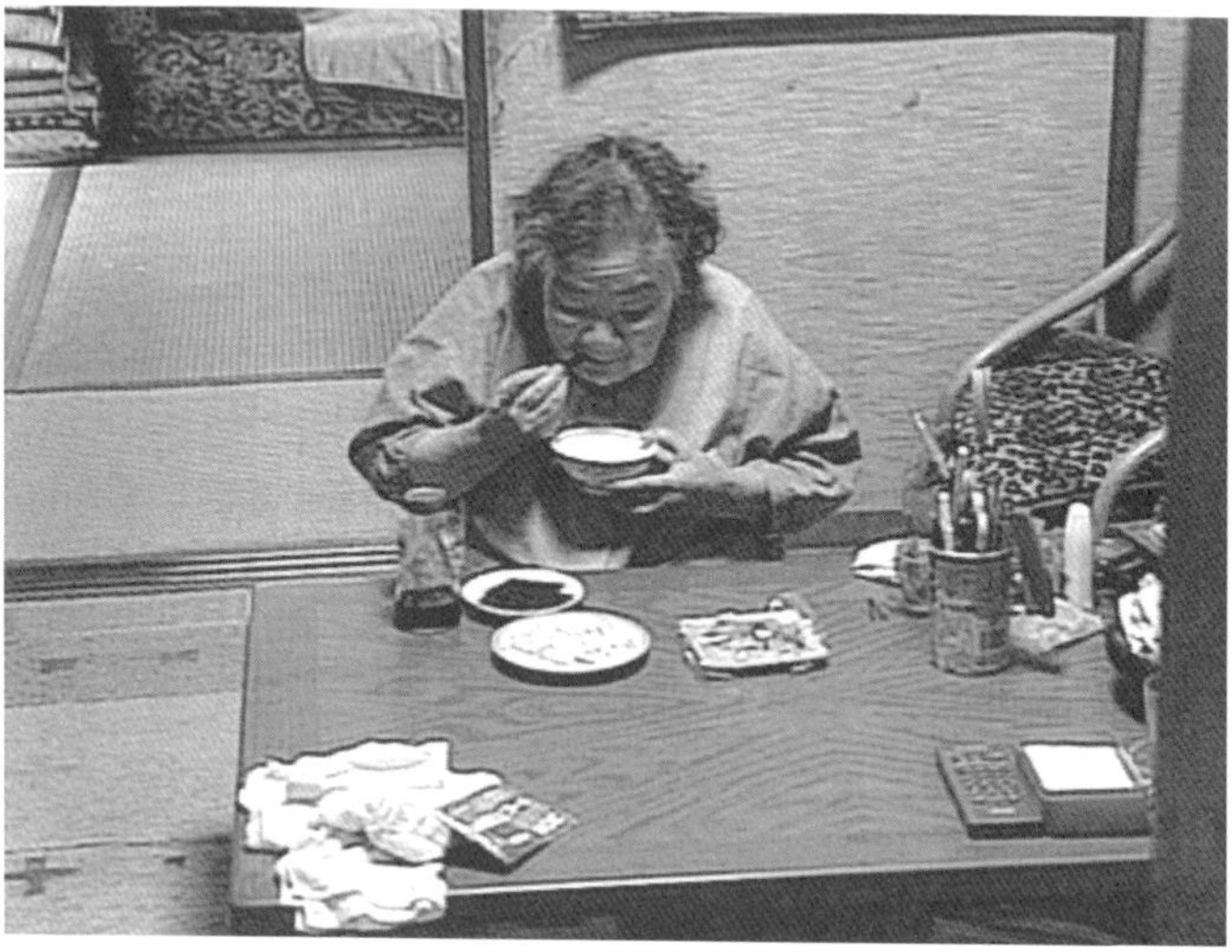

食えない」と叱られたこともあった。そんなときでも、母は、作ってもらったことに「ありがとさん」と言ってくれた。

そんな人だから、何でもやってあげたい気持ちが折元さんにはある。「介護は大変」って人は言うけれど、「お袋はまだ歩けるし、トイレも自分で行ける。まだ介護のうちには入っていないと思うんだよ」と折元さんは言う。

「そのうちシモを取るようになったり、口にスプーンで食べ物を運んだりするようになったら、それが本当の介護だと思う。本当も嘘もないけれど、それは大変な介護になると思う」

折元さんは、もともとがだれに対しても面倒見のいいほうだったと自分で言う。母・男代さんについて、「この人のためには何をやってあげても」という気持ちになる。いやな人だったら介護が苦痛になるかもしれないけど、折元さんには男代さんの介護はまったく苦痛ではないし、それどころか「恩返し」のようにも思っている。

「たしかに介護というと、他人にはすごく暗いように思えるかもしれない。介護疲れで殺してしまったり、ノイローゼになったりする話題もあるしね」

「どこの家でもそれぞれに事情は異なる。だから自分なりの方法で明るくやるしかない」

と、折元さんは言う。

「もし、あの人もあの人の人生、私も私の人生と考えて、お互いに暗くなるようなら、追い出すか、病院や養老院に入れるしかない。お袋だっておれがいやいややってるんだったら、『私は自分の持っているお金で養老院に入ります』と言って入ってしまうと思う」

けれど折元さんと男代さんの二人は、今、楽しく明るく毎日を過ごしている。

もともと折元さんには、男代さんといっしょに作品を作りたいという思いがあったわけではない。ところが、男代さんの調子がおかしくなり始めたときに、折元さんは考えた。

「そのときおれは、どうしようかと思った。お袋の面倒は見なきゃいけない。ご飯を作らなきゃいけないときに、ごく自然に、ばあさんにちょっとタイヤをかぶせてみようかなと思った。大きな靴を履かせてみようかなと思った」

それは折元さんには、自分の感性みたいなものだったと言う。自分の作品を作るときに、一緒にやるのは、この人しかいなかった。だから一緒にやれる面白いものを見つけようと考えた。

男代さんも、折元さんの作品作りにはとても積極的で協力的である。そして今は、折元さんは、一心同体の気持ちでやっていけると思っている。

「おれはアートが生き甲斐。アートは、自分に力をつけてくれる酒だし、ばあさんには病気を治す薬というか活力だね」

男代さんがビッグシューズを履いた写真が、世界各地の新聞に大きく載った。それを男代さんに見せると、「私、世界で有名」と言った。うつ病で暗く沈んでいたはずの母なのに、この男代さんの言葉を聞いて、アートが薬になることを実感した。

「ビッグシューズ」は、とても有名な作品になった。男代さんは幼いころ低身長だったので、全員で整列するときにはいつも最前列だった。貧しかったので履いていたゴム靴のつま先がパクリと開いていて、恥ずかしかった。そんなことを聞いた折元さんは、それならと母のために、大きな靴を作って履かせてあげようと思ったのが始まりだった。

男代さんは折元さんの仕事を手伝うことで、社会との関わりが生まれている。寝たきりで家に閉じこもっているのではない。新聞やテレビに折元さんの作品を通じて出ていくことによって、男代さん自身が生き生きしてくる。展覧会のオープニングパーティーに男代さんが顔を出すと、そこにコミュニケーションも生まれる。

折元さんは、男代さんが持っている「面白さ」「可愛さ」を発見したというより、ずっと以前から気づいていた。

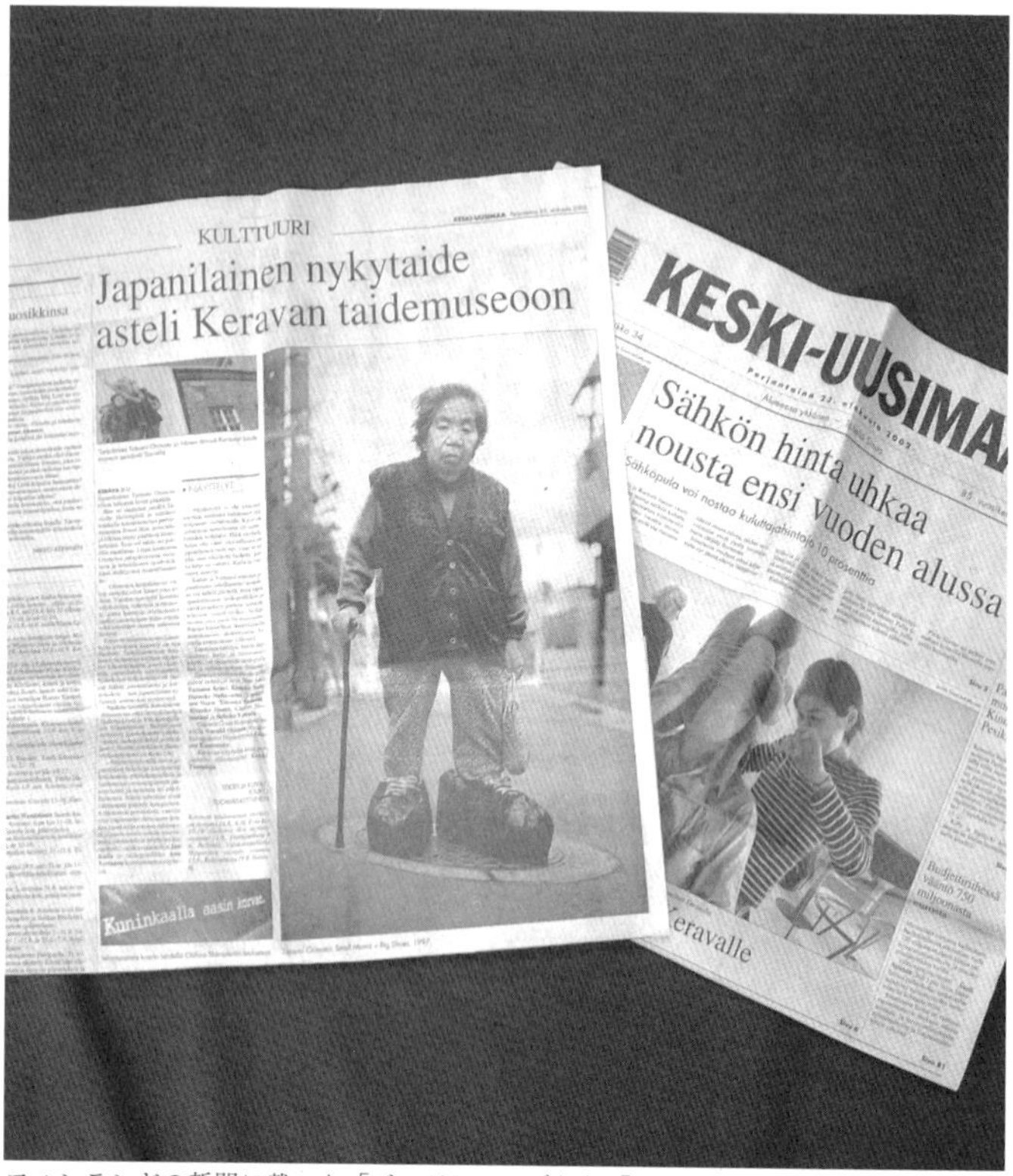

フィンランドの新聞に載った「ビッグシューズ」と「パン人間」

「気づいたというか、おれはいいお袋に恵まれた。ばあさんは本当にいい人。温かいし、おれの気持ちにフィットしているし、いいお袋に巡り合えたことが幸せよ。

絵も続けられた。ふつうなら、『結婚しろ』とうるさいかもしれないけど、そういうことも言わない」

ベネチア・ビエンナーレで世界中のメディアに折元さんが紹介されたとき、「ばあさん、死んだ親父は、今おれがこんなに有名になって幸せかな」と聞いたら、「それはじいさんも喜んでいる。私も嬉しいよ」と言ってくれた。

けれど、男代さんの日常生活は、折元さんのアート活動を通して公開されてしまう。そのことをもちろん折元さんは「すまない」と思っている。

「お袋には悪いと思っている。家庭の中を全部撮ったり、家の中の写真を撮ったり、お袋の顔も目やにがついたままアップで撮ったりしている。それは恥ずかしいと思うよ。裸の写真まで撮られているんだから。

でも、それを許してくれているのはお袋が完全におれのアートをヘルプしてくれているということだろう。息子の立身《たつみ》がこんなに一生懸命やっているんだったら、自分も何か手伝おうという気になっているんだと思う。

けれど、本当はいやだろうね。テレビ局のカメラがずっと追っていたり。散歩のときにおれがバチバチ、カメラで撮っていると、ときどき『もういい！』と言う。身体的にも耐えられないときもあるだろうし。

そういうことはあるけれど、息子がこれだけ頑張って世界を駆け回っているのを見たら、お袋としても自慢じゃないか。それでやってくれているのだと思う」

二人の生活はいつも明るく楽しげに見えるが、折元さんはこうも語っている。

「楽しくしているだけのこともある。でも、本当は底辺には涙の悲しい話があるんだよ。だれにだって人には言えないことがある。だれだって泣いたことぐらいあるだろう。おれだってお袋と泣いたこともあるよ。お袋は一緒に泣いてくれる人だから。でも、悲しい話は今は言わないよ。グズグズ言わないでこれから楽しく生きていこう。そういう気持ちが心の底辺にはある」

そう言って、あのテレビの野球観戦については、「野球の賭は違うよ。負けたら親でも取らないといけないんだよ」と笑った。

賭のゲームももちろん、男代さんの刺激になると考えている。

折元さんの気晴らしの一つは、近所のソバ屋へ行くことだ。ソバ屋の主人とはとても仲がいい。雑誌とパンフを持って家を出た。パンフは、折元さんの展覧会のカタログである。ソバ屋に入って座ると、奥さんがビールを運んできた。折元さんはいつも勝手に厨房に入っていき、ソバ湯を注いだり、たまには料理も作る。

「今日、カタログができたよ」

折元さんはビールを飲んだ。豆腐のさし入れがあった。

「五〇歳を過ぎてブレイクした。やっと有名になった」

「いいじゃん。ずっとブレイクしない人もいるんだから。しないうちに退職する人も……」

ソバ屋の主人は折元さんがここにやって来ないと寂しくて仕方ないと言う。来ないのは外国に行っているときぐらいで、朝、主人が寝ているうちから来たりすることもあるらしい。

雑誌とカタログを見ながら、「おれは現代アートの先駆者だよ」と、折元さんが言う。

「前にはいないの。こんなバカバカしいことした人は……。あとに続く人もいないよ」

と、主人は笑う。でも主人は、

「今度、おれ、ボーリングのボールを頭にのっけるから撮ってよ」

Art-Mama (Heavy Newspapers on My Mother's Head)　母の頭上に新聞紙を載せる　1998年

上左　行きつけのソバ屋喜久庵
上右　喜久庵のご主人
下　ソバを食べる折元さん

と、自分もモデルになって男代さんみたいに有名になるのも満更ではない様子だ。

「頭の上にカメを乗せよう。親ガメの上に子ガメ」

と、主人の提案。

「それじゃ、ふつうだ」と、折元さん。

「パンよりいいじゃん」

折元さんに反撃しながらも、主人が折元さんに敬意を抱いている様子が感じられる。

「こんな偉大な先生が、ときどき焼ソバやラーメンを作ってくれる。畏れ多いなあ」

主人によると、折元さんがここで飲んで帰ったあくる日は、折元さんの目覚めもいいらしい。長く飲んでいると、男代さんが待っているからと主人が時間を気にしても、「あと五分」とか言って飲んでいる。それでいて帰るとなると、酔っ払っているのに、男代さんを気にして自転車で急ぐから危ないと、主人は心配していた。

折元さんが外国に行っているときは、ここの主人が男代さんの様子を見に来てくれる。飛行機が墜ちるニュースがあると気にするくらい、主人は折元さんのことを心配している。

「おれの家の二階にある作品を盗りたいんだろう？」

「おれが男代ちゃんのところへ行くのは、別に財産を狙っているわけじゃない」

と、二人の会話はいつも明るくユーモラスである。主人は折元さんがいないときの男代さんのことをとても心配しているけれど、折元さんの親孝行ぶりには心底尊敬している様子だった。

折元さんは、二人暮らしの生活について次のように語っている。

お互いにもう生き甲斐だよね。おれがちょっと出かけようとすると、「どこ行くの?」と聞く。夕方、飲みに行こうとすると、やっぱり「どこ行くの?」って聞くよ。もう気持ちと気持ちだね。お袋がもし動けなくなって、おれが世話するのが重荷になったら養老院に入れちゃうとか、そんなのは嘘だよ。母を離せない。病院には入れられないよ。おれはこの人が好きだから入れるつもりはない。

寝たきりになったって、ベッドを窓のところに持ってきて、外を見ながら「ばあさん、鳥がきたよ」とか言って。庭に梅の木があって、雪が降った後には、梅が咲いてウグイスが来るから。

……でも、わかんないよ。おれだって若い女の子と結婚して楽しくなれば、ばあさんは要らないよってなるかもしれないよ。

でも、お袋には感謝している。あの小さい体でおれを生んでくれて。

朝起きたときに目が合って、ジェスチャーで手を上げたりすると、お袋も同じようにする。それは彼女にそういう性格や気持ちがあるからやるんだよね、体で表現するという。オープニングパーティーのときなんかも、自分から外人をつかまえて握手したり、「カメラに撮れ」って促したり、おれもそうだけど、サービス精神が旺盛なんだな。

ふつうのおばちゃんだったら、こんなことはしないかもしれない。でも、うちのお袋の血の中には体で表現するという方法があるんだ。それがパフォーマンスという一つのジャンルのアートかもしれない。そういうお袋からの血をおれも受け継いだんだと、すごく感じる。

おれは最近海外へ行くことが多いんだけど、帰りの飛行機の中で、ヘッドフォンをつけて気持ちを入れて音楽なんかを聴いていると、やっぱりお袋を思い出すんだよなあ。「あ、お袋ごめんね。長く留守してね」とか。

成田から「今から帰るからね」って電話をする。たいがい安い飛行機だから成田に着くのが夜になる。それで家に着くのが夜の十一時くらい。タクシーが家の前に近づいたとき、運転手が「だれか人が立っていますよ」って言うんだよ。見ると、ばあさんが雨が降ってても傘さして待っているんだよ。これには泣けちゃうよ。それで冗談で、「岸壁の母」ならぬ「ブロック塀の母」と呼んでるんだよ。ブロック塀に寄りかかって待ってるんだから。それも一回や二回じゃないから、そんなことは気持ちがなくてはできないよね。ジェスチャーでやってるのかと思ったら、やっぱり嘘じゃない。ほんとに待ってるんだから。だから、飛行機の中でも泣けてくるんだな。

ほんと言うと、一緒にいられる時間はもうそんなに長くないなと思うことがある。だったら外国に行かないでお袋のそばにいてやるほうがいいのかなと考えることもある。けれど、自分の展覧会があったり招待されると、おれももっともっとビッグになりたいから、また行っちゃう。連絡先は書いておくんだけど、外国では、「ばあさん、大きな病気になって死んでるんじゃないのか」といつも心配になるよ。

だから、外国へ行くことをばあさんに言うのが非常にいやだな。直前の出発前日になってから言うんだ。

「ばあさん、悪いな。ちょっと行ってくる」

「どこへ行くの？　いつ帰ってくるの？」

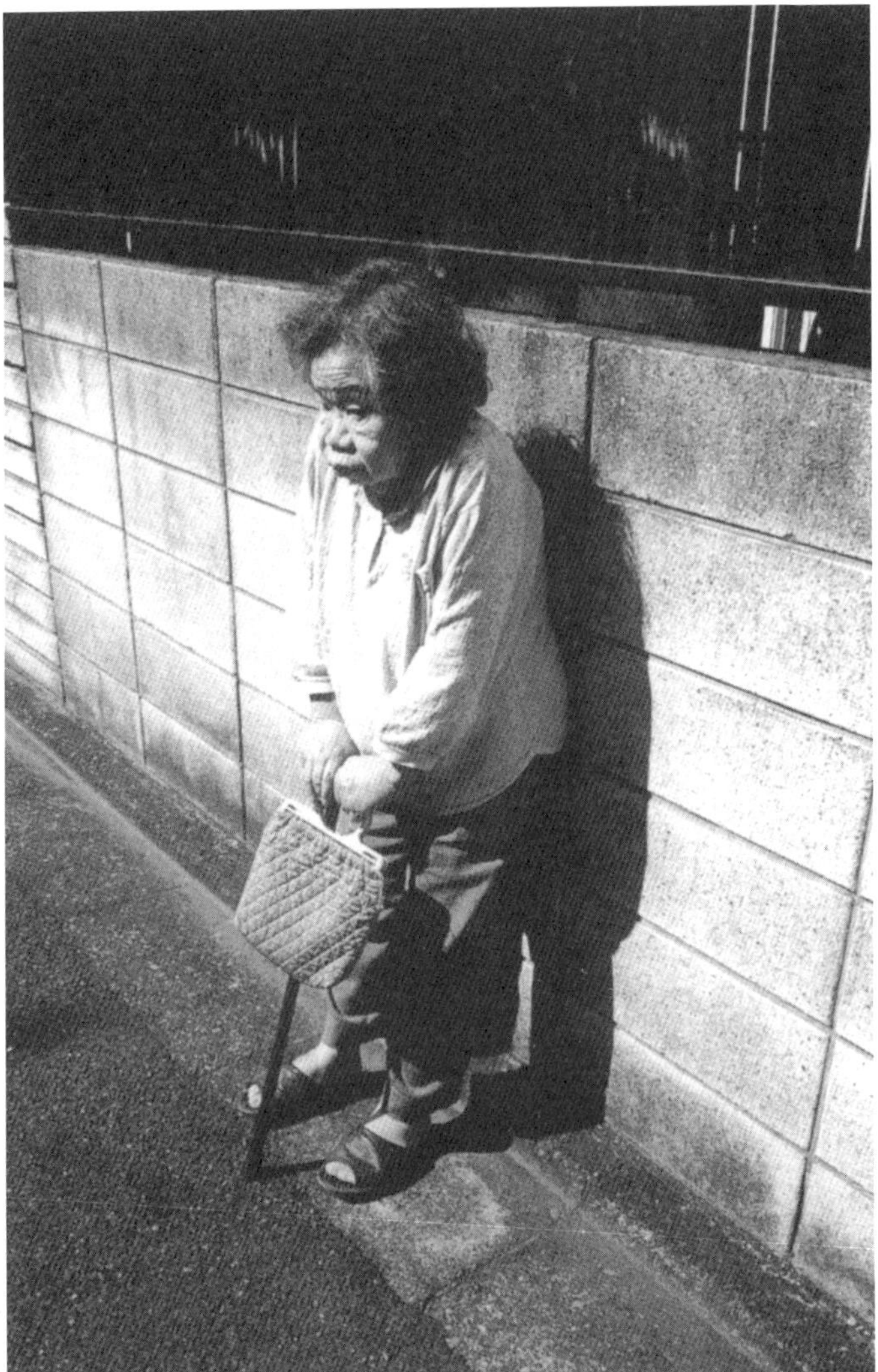

Art Mama Diary　母の日記（ブロック塀の母）2000年

でも、それを振り払ってでも行かないと。

お袋の世話をするということは、結局、おれ自身の勉強だと思う。そういうことをぜんぜんしないで、スタジオで絵を描いたり彫刻作ったりというのもアートだけど、そういうものだけがアートじゃない。

以前からもそう思ってはいたけど、アートをやっているとよくわかってきた。だから、世話することなんかぜんぜん苦痛じゃない。むしろ料理をしたり散歩に連れて行ったりしていると、そのなかから作品が生まれてくることがよくわかった。

うちのばあさんのことをおれが「ビーナス」と言ってみたりするのは、それは美の象徴としてね。「なんでお母さんとやってるの?」って聞かれるけど、現代は「モナリザのようなビーナス」と呼んでいいような人はいない。美人ならテレビタレントにもいるけど、世界ではもう象徴的な美を追うような時代ではないだろう。そういう意味も含めて、おれにとってはお袋がビーナスだとよく言っている。

外見で「美しい」とみんなは言っているけど、モナリザだって本当はものすごく性格が悪いかもしれない。タレントだってすごく性格が悪いのがいるじゃん。

お袋は、蓄膿で五回も手術しているから顔がこんなになっているけど、美しいというのは気持ちのことなんだ。顔がきれいでも性格が悪い人とは何十年も一緒にいられるわけがない。

Art Mama Diary　母の日記　2001年

二　現代アーティスト　折元立身

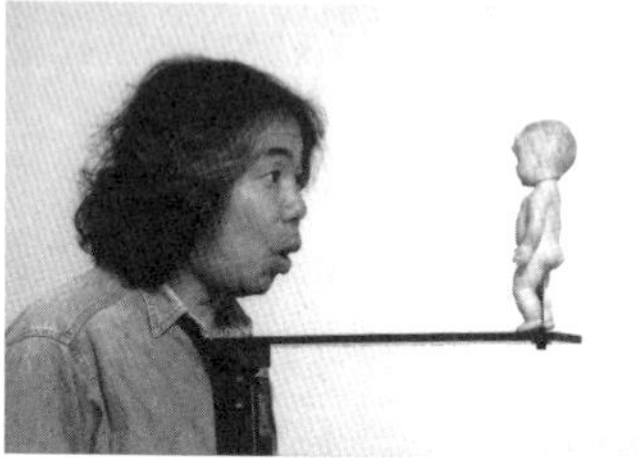

I Am Talking to A Doll "WA! WA! WA!"
1997年

折元立身さんは、一九四六年、川崎市に生まれた。男三人兄弟の次男。

幼いころから絵を描くのが大好きで、画家を志していた。県立川崎高校に進むと、迷わず美術部を選んだ。折元さんの描く絵はそのころから独特なものだった。それで評判になり、当時の川崎駅の駅ビルの一角で個展を開くほどだった。

そうなれば、めざすは東京芸術大学。しかし、その壁は厚く、受験に七回も失敗した。折元さんはバイトのかたわら、ひたすら絵を描き続けた。家が狭くて、油絵の具の臭いがするので、アパートを借りてくれたのも母だった。それから、小さい版画プレスも買ってもらった。

母からは画家の道をやめろと言われたことはない。父からは、何度も芸大受験を失敗し続けるなら、デザインのほうが金になるからデザインのほうへ進めとも言われたが、折元

高校時代　母と

アメリカ修行時代　ニューヨークにて

さん自身はデザインをやる気はなかった。

　四畳半に五人生活の時代は、どんどん絵を描いた。来客があると、台所ででも描いた。「描いたが勝ち」という主義だった。芸大受験のために通っていた美術学校の先生は、折元さんに言った。

「折元君の油絵はもうプロになっている。学校というところは、教えるところであって、プロを作るところではない。特に東京芸大は、天才を作るのではなく、むしろ秀才を育てようとしている。学校が求めるものから言っても、君を必要としていないんじゃないか。だから君は世界に向けて動け！」

　そういうこともあって、折元さんは決断した。一九六九年、兄を頼って渡米。このときも母は黙って見送ってくれた。カリフォルニア・インスティテュート・オブ・アートに学んだ。このときはまだ油絵を描いていた。

　一九七一年、カリフォルニアの美術学校を卒業して、単身ニューヨークに移った。人種の坩堝《るつぼ》のこの街で、折元さんは現代美術と出会う。彫刻みたいなインスタレーションに自分の関心はだんだん変わってきた。そして当地でパフォーマンスというアートを見て、自分には体で表現するパフォーマンスが性格的に合っていることに気づいた。自分が「行動派」であることを自覚した。

たまたま、ビデオアートの先駆者として知られるナムジュン・パイク氏のスタジオを折元さんが買うことになって、それを機に知りあった。現代美術の第一人者の一人である彼はソウル出身で、東京大学で音楽美術を学んでいた。折元さんはこの前衛芸術家の助手を務め始めた。

ナムジュン・パイク氏の主宰する前衛芸術集団、「フルクサス・グループ」に参加し、各地でパフォーマンスを表現して回った。この間も、過酷なアルバイトを続けながらの芸術活動だった。

しかし、この芸術活動への取り組みも日の目を見ることはなく、アメリカでの生活は気がつくと八年に及んでいた。

一九七七年、帰国。両親と同居を始めた。そして、ショウウィンドウやパビリオンのディスプレイを行う乃村《のむら》工芸社でアルバイトとして働き始めた。

一九八〇年代半ばごろから景気がよくなり始めたのを契機に、乃村工芸社の下請けながら自分の会社を作った。そしてがむしゃらに働いた。

それでも、折元さんの美術への情熱は冷めなかった。暇を見つけては海外を歩き回って、写真を撮ったり、パフォーマンスを続けていた。

そのうち、東京の画廊からパフォーマンスをやらないかと持ちかけられ、折元さんに機会と場所を与えてくれることになった。では、どんなものをすればいいのか？

折元さんが悩んでいるとき、ニューヨーク時代の友人の女性から、アメリカ人と結婚して子どもができたから遊びに来ないか、と誘いを受けた。

行ってみると、結婚相手は宣教師だった。それで彼女はキリスト教に改宗していた。泊めてもらった夜、彼女が聖書を持ってきて、「折元さん、キリスト教っていいこと言っているのよ」と、いろいろ説明してくれて、改宗も勧められた。

「パンは肉なり、赤ワインは血なり」

折元さんは宗教に興味がなかったので、そのときは聖書をもらって帰っただけだった。

その後で、ふと思うところがあった。

「あ、そうだ。〝パンは肉なり〟だから、パンを顔につければ生きた彫刻だ」

と思った。それは、ニューヨークで作っていたライブスカルプチャーだと思った。

その姿のまま画廊に立っているだけでも、生きた、リアリティーのある彫刻になると思って、実際に画廊でそれをやってみた。

果たして、お客さんは三人しか来なかったが、そのときのパフォーマンスを写真に撮っておいた。ヨーロッパなどでは「イベントフォト」というアートジャンルがある。イベントそのものが人に見られなくても、イベントフォトという作品として成立すると思った。でも、折元さんはさらに考えた。観客なんか待ってなくていい。こちらから街に出て行ったらどうだろう。

パンを顔に縛りつけて街に出る。駅や道路、カフェ、病院、レストラン……、公共の場所へ出て行けば、そのときのみんなのリアクションは、「わー、何だろう」ってなるに決まっている。そっちのほうが面白い。それで、外に出た。

最初にやった銀座の歩行者天国では、お巡りさんがやって来た。「何やってんだ」と言われて、「画廊の宣伝です」と答えた。そしたら、「早くやって帰りなさい」という感じだった。

そのとき思った。別に日本でやらなくてもいい。パンをつけて世界中を回ってみよう。そしたら国によってぜんぜん違うリアクションが返ってくるかもしれない。

そして、折元さんはアフリカ以外の世界の主要都市、それから田舎でもこれを実行したのだった。

現代アーティスト　折元立身

a

b

a　Performance: Bread-Man in Train, Germany　パフォーマンス：パン人間　電車の中で，ドイツ　1992年
b　Performance: Selling Bread People, Germany　パンを売る人たち，ドイツ　2002年

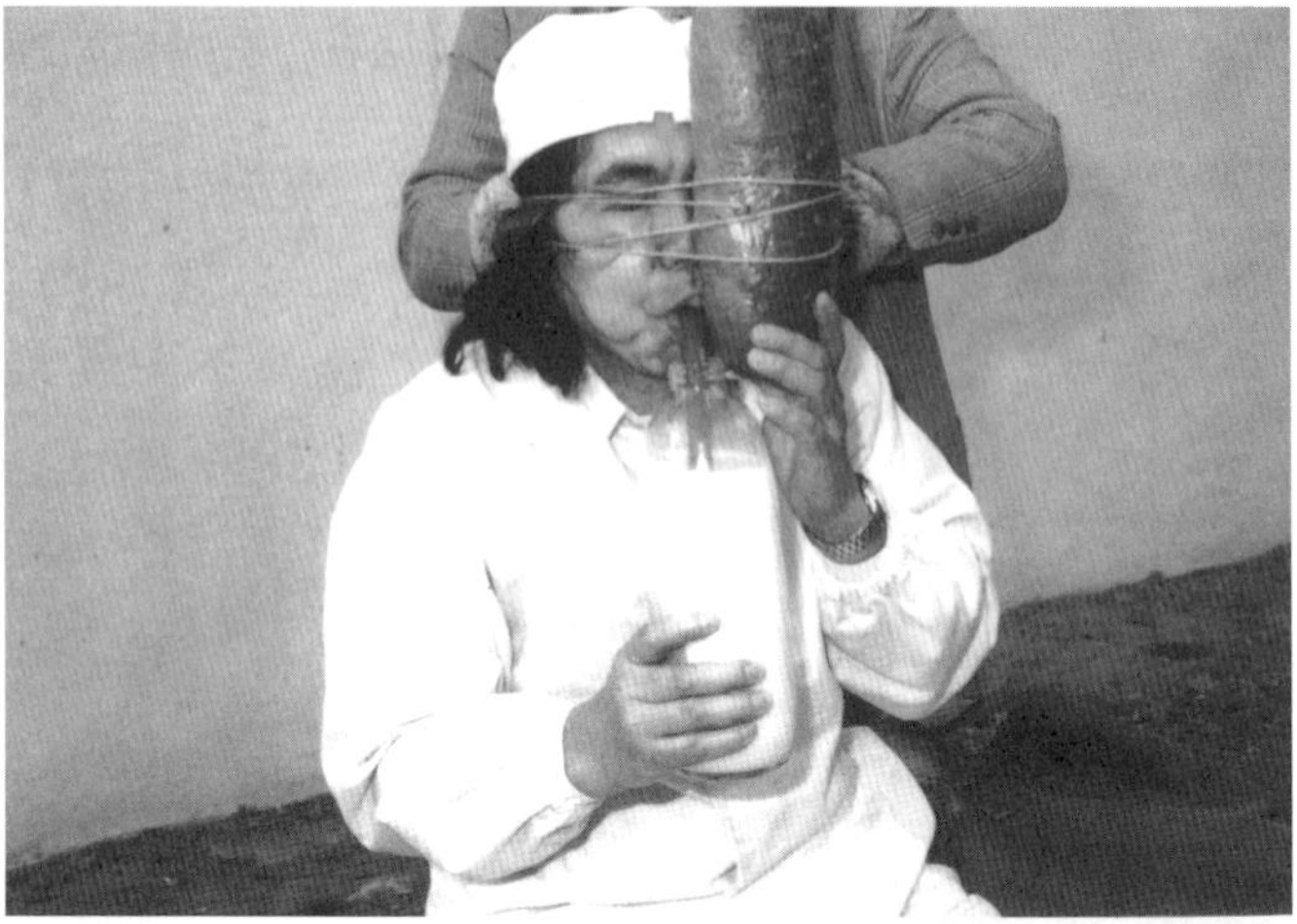

c

e

d

g

f

c　Performance: Bread-Man Acts with Milk, Germany　パフォーマンス：パン人間がミルクを飲む，ドイツ　1996年

d　Performance: Bread-Man in a Cowshed, Germany　パフォーマンス：牛小屋のパン人間，ドイツ　1996年

e　Performance: Bread-Man in the Polish Army Museum, Poland　パフォーマンス：ポーランド軍事博物館のパン人間，ポーランド　1993年

f　Performance: Bread-Man in the Monkey Temple, Nepal　パフォーマンス：パン人間ネパールの寺院にて，ネパール　1994年

g　Performance: Bread-Man Take A Walk, Berlin　パフォーマンス：パン人間の散歩，ベルリン　1999年

i

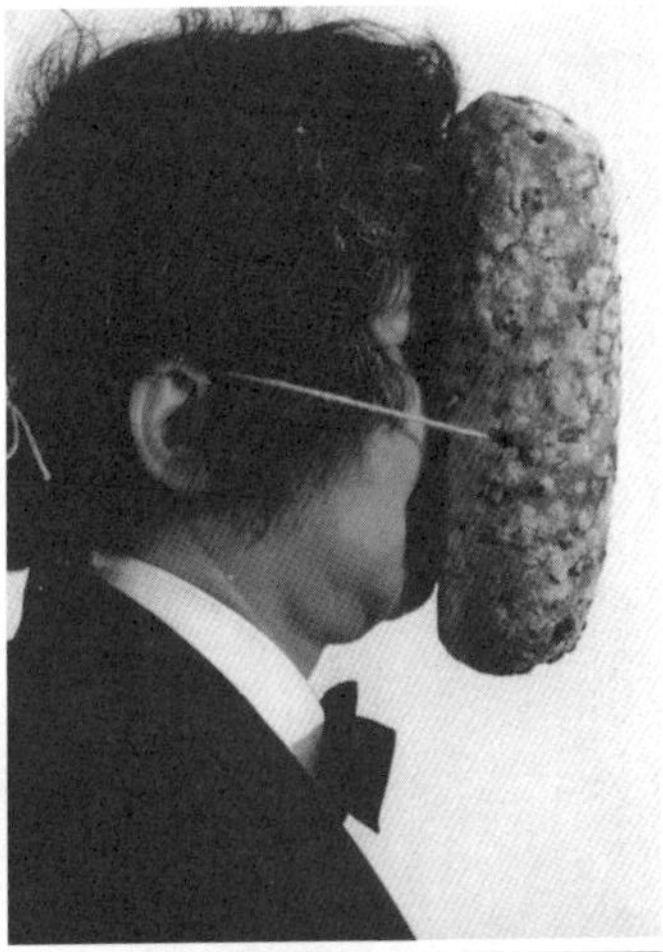

h

k

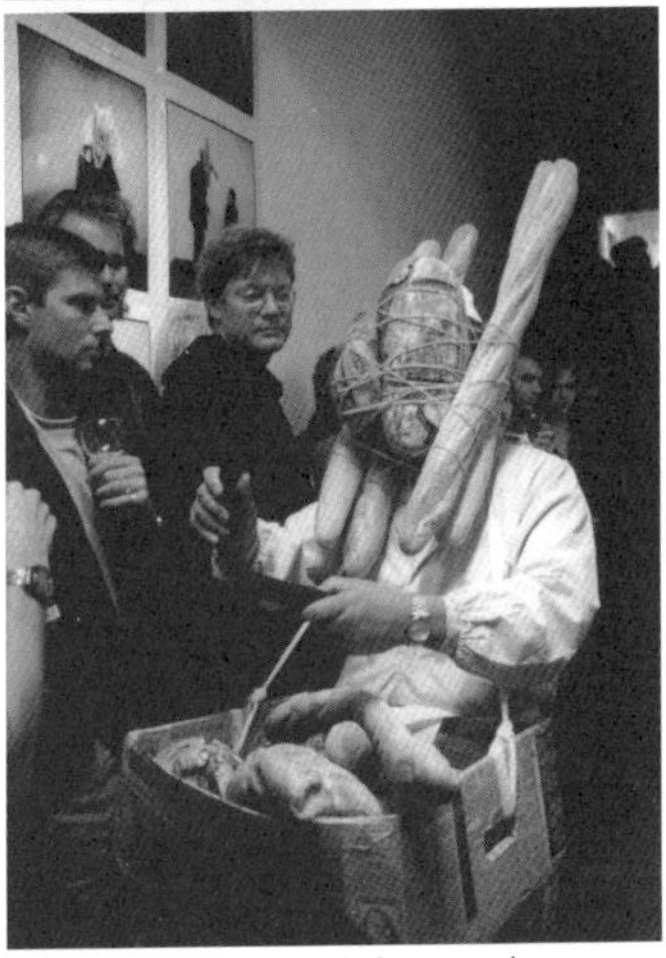

j

h Performance: Bread-Man, Tokyo　パフォーマンス：パン人間，東京　1995年

i Performance: Bread-Man is Waiting for the Bus, Germany　パフォーマンス：バスを待つパン人間，ドイツ　1997年

j Performance: Bread-Man Sells Bread, Germany　パフォーマンス：パン人間がパンを売る，ドイツ　1996年

k Performance: Bread-Man in Museum, Germany　パフォーマンス：美術館のパン人間，ドイツ　1993年

l

n

m

p

o

l　Performance: Bread-Man on the Street, Nepal　パフォーマンス：マーケットを歩くパン人間，ネパール　1994年

m　Performance: Bread-Man at the Bowery Street, New York　パフォーマンス：パン人間　バーワリーストリート，ニューヨーク　1993年

n　Performance: Bread-Man Presents a Kid with Bread, Germany　パフォーマンス：パン人間が子どもにパンをプレゼントする，ドイツ　1995年

o　Performance: Bread-Man Buys a Hotdog, London　パフォーマンス：パン人間がホットドッグを買う，ロンドン　1996年

p　Performance: Bread-Man in the Hospital, Yokosuka, Japan　病院に来たパン人間，横須賀　1992年

このようにして、パフォーマンスそのものと、それをビデオや写真に撮ってできたパフォーマンスアート「パン人間」は一六年間も続けられ、コミュニケーションアートとして世界中に知られるようになり、折元さんの代表作となった。

時代は経済のバブル期で、折元さんが始めた会社の経営も軌道に乗り、その結果、中古ながらも両親のために一軒家を購入した。後に、ここが男代さんとの「アートママ」シリーズが生まれる場所となる。

美術をやることにあれほど反対していた父親も、このときばかりは喜んでくれた。男代さんもふだんは息子を誉めたことがなかったけれど、嬉しさのあまり、「立身は孝行息子だ」と近所中の人たちに言い回ったという。会社の仕事で折元さんが働きすぎて調子の悪いときは、「今、折元家には立身がいなくては……」とも母は言ってくれた。

ところが、会社のハードな仕事と、世界中を飛び回る芸術活動の両立は困難で、ついに一〇年ほど前に折元さんは体を壊し、会社を人に譲ることになった。

そして、これからは好きな美術をコツコツ続けようかと考えていた矢先、男代さんの様子がおかしくなった。うつ病だった。

折元さんには、「兄弟の中でいちばん母親に面倒をかけたのが自分だ」という負い目にも似た気持ちがあったし、あれだけ働き続けた母が一切の家事をしなくなり、症状がどんどん進むのを見て、「この人だけはおれが最期まで看取る」と決意した。しかも、それを楽しくやろう、と。

そして、病気の進行を和らげようと、母にいろいろな刺激を与えるアイデアが、「アートママ」シリーズの誕生へと導いた。このシリーズは、一九九六年に始まった。

その後、アメリカ、ヨーロッパを中心に作品発表とパフォーマンスを行ってきた。主な美術展参加は一九八八年、シドニー・ビエンナーレ、一九九一・二〇〇二年、サンパウロ・ビエンナーレ、二〇〇一年ベネチア・ビエンナーレ、同年、横浜トリエンナーレなど。最近の日本での個展では、二〇〇二年の川崎市民ミュージアムがある。現代アーティストとしての評価は、国内よりも世界でのほうが高い。

二〇〇二年七月に、イギリス北部の地方都市ニューカッスルに、世界でも最大級の現代美術館（Baltic, The Centre for Contemporary Art）がオープンした。そのこけら落としに折元さんは招かれた。

美術館の名前「バルティック」は、有名なバルティック艦隊に由来する。この街の中央を流れる川は運河として利用され、かつてこの地は交易で大変栄えた地域だったが、今は衰退している。その復興のための一環として、国際的な現代美術館が開館したというわけである。

美術館の建物は一九三〇年代から十数年かけて建造された小麦粉工場であったが、一九八二年に閉鎖された。そのときの古いレンガ色の外観をそのままに、内部は近代的に改装された。館内は、幅二五メートル、奥行き五二メートル、高さ四二メートルという広大なアートスペースである。

建物の壁面には、折元さんの「パン人間の息子とアルツハイマーの母」が二〇×一〇メートルという大きなプリントで展示されていた。そして開

バルティック美術館　イギリス

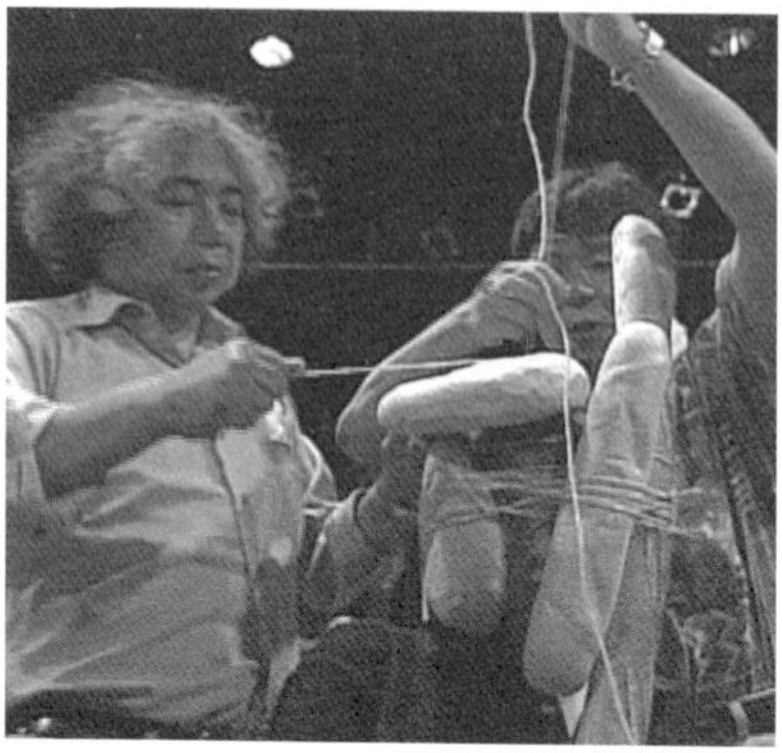

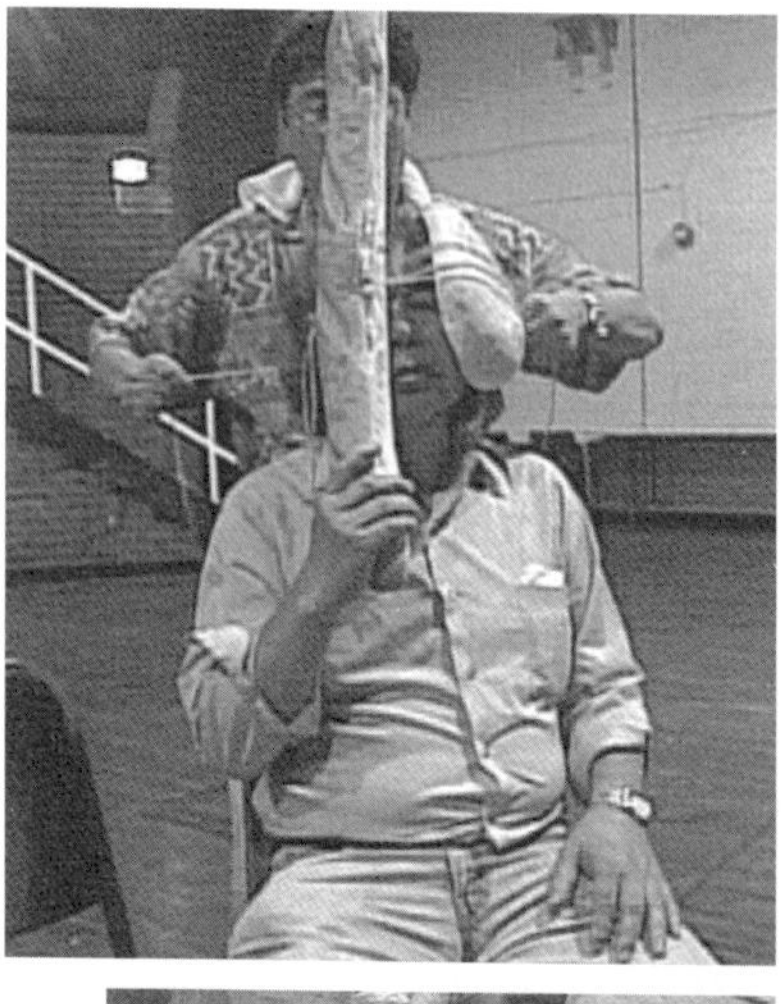

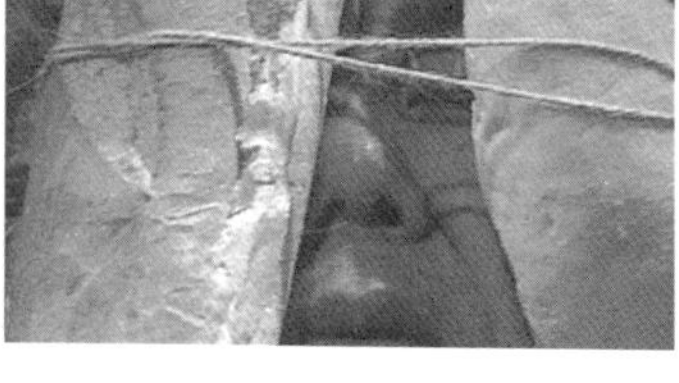

現代アーティスト　折元立身

TROLLOP
Bob
TROLLOP
CALIFORNIE

館記念のイベントとして、折元さんは、ニューキャッスル大学の学生二〇人とともに「パン人間」のパフォーマンスを一時間半にわたって行ったのだった。

キリスト教で命の糧を象徴するパンを自分の顔につけ、自らが生きた彫刻となって街に繰り出すという奇抜なパフォーマンスを、この街でも敢行した。

パンで顔を隠すことによって別の自分に変わる。同時にその姿を見る人たちから、「驚きや笑い、嫌悪感」などさまざまなリアクションを引き出す。そこで生まれるコミュニケーションこそがアートだと折元さんは言う。

芸術への既成概念を打ち壊すことも、折元さんが目指すアートの中にはある。パンを顔にくくりつけるという「アート」は、今まで長年にわたって支配してきた、多くの人の頭の中に詰め込まれた「美術」というものの概念・伝統をまさにぶち壊すものであった。それは、折元さんのオリジナリティーによってこそ生まれ得たものであり、現代の欧米の「現代美術」に対抗し、勝負できるものであった。

折元さんをイギリスに招聘した美術館のスーナー氏へのインタビュー

――折元氏へのパフォーマンスに対して、イギリスや他のヨーロッパの国ではどんな反響がありましたか？

反響は良かったようです。彼とともにブレッドマンになる人たちを募集するために、まず、折元氏の講演会を行いました。学生や若いアーティストたち、その他多くの人々から彼の活動に対して大きな反響がありました。

折元氏を招待した理由は、この街には古い小麦粉工場があり、そこでは毎朝パンを焼いて小麦粉の状態をテストしていました。ですから、毎朝、とてもいい匂いがこの街中に漂っていました。その匂いを再生したかったのです。

この現代美術館のこけら落としには、生アートのプログラムをやりたかったのですが、そのテーマが「パン」でした。オープニング・イベントでは、観客に本物のパンを配りました。

――パンを顔や体にくくりつけた彼のアートはかなり変わっています。個人的にはどう思われますか？　彼の目的は何だと思われますか？

多くの現代アートは、だれでも初めて見たときには奇妙に感じます。驚いたり、時には恐れたりします。

パンは、全ての文化において象徴的なモノです。家に来た客人へ最初に出すのがパンだったり、パンをちぎって宗教的な目的に使ったりします。ですから、彼はパンでいろいろな意味を表現しているのだと思います。このパフォーマンスはエンターテインメント的な要素もあり、かつ象徴的だと思っています。

折元氏は、さまざまなレベルで活動していると思います。私は彼のようなやり方が好きです。また、アートとはそうあるべきだとも考えています。さまざまなレベルで表現され、見る人によりいろいろな意味を持つ。アートとはそういうものだと思います。

——折元氏は、「ブレッドマン」の他に「アートママ」でも有名です。日本は高齢化社会ですが、高齢化社会の問題を彼のアートの世界に融合させるというアイデアについてはどう思われますか？

彼は両親をとても愛していますね。日本では、何世代かが一緒に生活すると聞いています。お互いに助けあい、孫が祖父母をいたわる。

昔は世界中でそれがふつうでしたが、西洋社会は核家族化してしまいました。子どもは大人から切り離され、大人は老人から切り離されました。お互い離れたところに住み、顔を合わせることがあまりありません。全く異なる生活を送っています。これは悲しいことです。

しかし、立身《たつみ》のアートの中には、まだ美しい世代間の繋がりを見ることができます。彼はお母さんをいたわっています。

同時に、彼のお母さんは強い女性です。権力を持っています。というのは、意志決定をする人物だからです。だから、「アートママ」という名前がついているのです。

このオープニングに立身のお母さんも一緒に来ることができたらとても素晴らしかったのですが、それは残念ながら叶いませんでした。

——西洋人は、「アートママ」について、あなたと同じような理解を持つと思いますか？

他の人たちがどのように感じるかはわかりません。なぜなら、これは、びっくりする表現であり、さまざまな解釈が可能だからです。

ある人は、パンを頭につけた格好を怖いと感じるかもしれませんね。でも、立身は、お母さんの手を取り、見る人にパンを手渡したり、お母さんの世話をしながら、そこには思いやりが表現されています。立身のアートを見た瞬間は、少しショックを受けるかもしれませんが、気をつけて見始めると、そこに愛があることに気がつくでしょう。

——彼のアートを見る人は、初めはショックを受け、次に思いやりや愛を発見するということですか？　ショックから愛に変わる、ということでしょうか？

はい、そうです。それは、現代アートではふつうのことです。現代アートは全く新しいアートで、人々がこれまで見たことのないものです。

初めて現代アートの作品を目にするとき、それは見たことのない人物に出会うことと似ています。見たことのない顔、理解できない言葉、異なる行動様式など。でも、そういうことに出会った場合、私たちはその人物や新しいイメージを知ろうと努力します。いろいろな見方を試してみようとすると、そこに新たな経験が得られるわけです。

しかし、そのときの態度は、それぞれの個人が決めることです。自分の心をオープンにして受け入れようとするか、それともしないか。

そういう意味も込めて、私たちは、この展示会を「オープン展示会」と呼んでいるのです。

——日本でも、核家族化が進み、だれが老人の面倒を見るのか、介護をするのかということが社会問題化してきています。西洋社会では以前から問題になっていたことだと思いますが、現在、芸術家にとって、この社会問題は作品のテーマとして注目されているのでしょうか？

いいえ。現代アートのアーティストたちは、社会の変化に敏感です。だから多くのアーティストが、彼らの作品の中でさまざまなテーマの社会問題を警告したり、問題提起をしています。だからテーマはさまざまなのです。

もちろん、立身は作品の中で、高齢化社会の問題を提起しています。

——高齢化社会の問題をテーマとするアーティストが他にもいますか。

彼だけがその問題をテーマとする唯一のアーティストだとは思いませんが、彼の表現方法は独創的で明確で、とても直接的なので、見る人にとってわかりやすいと思います。最初は、驚きと違和感があるのですが、しだいに内面が見えてくる、そういう表現方法です。

——折元氏は、日本では一部の現代美術愛好家にしか知られていません。日本人は一般的に現代アートについて無関心です。ほとんど知りません。

おそらく日本の社会で、折元氏の作品は芸術として認知されるのは難しいかもしれません。あなたから日本の人々に、折元氏の芸術について、その素晴らしさを教えてください。

おっしゃるように西洋社会、ヨーロッパでも日本社会と同じように、現代アートはメジャーなものではありません。常にマイノリティーでした。

ゴッホ、ゴーギャンは、印象派の時代には評価されませんでした。全ての芸術が、ある時点では現代アートと称されるのです。

そして通常は、それらの作品に対し、世間からは長い間関心が寄せられないものです。長い時間が経ってから、回想や伝統ということで評価が出てくるのがふつうです。ですから、そういうことでは西洋社会も日本も何ら変わりません。ヨーロッパでも、現代アートに関心を持っているのは少数派の人たちです。

立身《たつみ》の作品は、私にとっては芸術です。彼は優れた芸術家なので、この美術館のオープニングの展示会に招待しました。これは私個人の判断でしたが、彼を招待できて良かったと思っています。

イギリス・ニューカッスル市における「パン人間」パフォーマンスに参加した人たちの感想が得られている。

このときも、まず、参加者にレクチャーがなされていた。

「人と人との関係がベーシックなんだ。ただ歩くだけじゃなく、コミュニケーションをモットーに楽しんでください」

歩くルートを確認して、参加者にパンをくくりつける。赤いシャツの男の子、女子学生。パンをくくりつける紐がだれの顔にもくい込んでいる。

「きついですか？」

「大丈夫です」

「もう十分だね。これ以上つけたら重過ぎませんか？　もう一個つけても大丈夫ですか」

「まだ大丈夫です」

「感じはどう？　鏡で自分を見たいですか？」

「よく聞こえないの。目の前に棒があるみたいでよく見えない。それから、顔が締めつけられてちょっと痛い。

これからこの格好で一時間も歩けるかどうか、たぶん、できると思うけど、やってみないとわからない。でもきっと、これが終わったら、ホッとすると思う。終わったときは嬉しいでしょうね。パンを外したときの解放感を味わうというのは、良いアイデアだと思う。全部終わったときに、今よりもっと静かで、より自由を感じると思う。もしかしたら、このアートを通して、自由になるためには戦わなければならないことに気づかされるのかなあ」

「とても変な感じだ。顔が圧し潰されているよ。想像していたよりずっと顔が圧し潰されている。でも、大丈夫。今のところ楽しんでいるよ。歩くのは大丈夫。

今の状態を鏡で見てみたいな。でも、かゆいよ。頭、掻いてくれる？

頭の周りはきついけど、歩けるよ。

このアートは変わってるね。あまり深く考える必要はないさ」

別の参加者へのインタビュー。

「いい気分だよ。なぜだかわからないけど。二つの固い枕の間に頭がある感じだ。

歩くのは一時間もあるから、ちょっと大変そうで、自信があるとも言えないな。

参加しようと思った理由はね、仕事のためなんだ。自分が働いている新聞社のために、このパフォーマンスでどんな感じがするのかを自ら体験しようと思って。取材のためにね。

路上でパフォーマンスをするのは、注目を得られてとてもいい考えだと思うよ。でも、自分のことは見えないから、どんなものに変身しているかわからないよ。外から見てみたいな」

「私は、これを体験してみたかったの。一月に彼の講演を聞いたの。こんなことをする自分が想像できなかったから、試してみようと思ったの。

今のところは、恥ずかしさを体験しています。

（鏡を見て）すごいね。グロテスクじゃない？　気持ちが悪い。怖い感じがする。自分が変わった感じがすごくする。膨張した感じがする」

「とても暑い。ふらふらするよ。でも、すごくよかった。楽しかった」

「とても痛かった。パンを頭にくくるのはとても痛いね。別の人間になったよ。これは芸術作品の一部だよ」

「とっても面白かった。楽しかったわ。窮屈だったけど。一生残るほどの傷痕がこんなにできたけどね。でも、よかった。少し違う世界が見えたわね。視界がとても狭かったので、方向がよくわからなかった」

「変わった体験だったわ。今まで、パンを縛りつけられたことなんてなかったから」

街頭で見ていた観客の感想。

「とてもいいんじゃない。変わってるとは思う。他の人がこれをどう呼ぶのかわからないけど、アクト（演技）だと思う。私は好きだわ」

「とても才能があるわね。面白い人だと思うけど、幸せそうに見えないのが心配だわ。彼らが言おうとしていることがもう少しわかればねえ」

「アートかどうかって？ それは人それぞれによるよね。ぼくはあまり関心がなかったから、よくわからないね」

「歩くパンの棒だ。くだらない。意味がないね」

「驚いたわ。彼らはいつもこんなことをしているの？ それとも今日だけ？」

「先頭の男性（折元さん）はとても勇気があると思います。とてもいいと思います。私の場合は、絵だったら、木なら木とわかるもののほうが好きなの。だから、これをアートと捉えるかどうかは人それぞれだわね。でも、これはこれでいいですよ。ユーモアもあってね」

「格好いい。私は好き！」

折元さん自身が「パン人間」について語ったインタビューがある。

――パンをつけると人格が変わりますか？


変わるね。面白いよね。

イベントというのは、やってみないと、何が起こるかわからないからきつい。ぼくも自律神経がおかしくなって、吐き気がしたりすることだってあるんだよ。ところが、一度パンをつけるとそんなものがパッと治る。吐き気も止まる。パンの間からちょっとは見えるけど、顔が隠れているからね。そうなると、何でもできるような気になるんだ。

虚無僧《こむそう》は尺八を吹きながら町を歩くけど、あれは笠を被るからできるのであって、被らないと恥ずかしくてやれないという話を聞いたことがある。それと同じで、パンをつけると、何でも堂々とできる。顔が隠れると何でもできる。案外強くなる。

ところが、国によっては「そんなことするな」と反感を買うことがある。例えばニューヨークのホームレス街とか、モスクワの貧しい人がいるレストランとかに行くと、「そんなことするな！」って蹴飛ばされたりしたよ。カメラを壊されたりもした。そんな怖い思いもしたけれどね。

顔にパンをつけることによって、日本人じゃなくなるのかもしれない。三〇人のパン人間が歩いていたら、日本人じゃなくてどこか国籍不明の人に見えるだろう。「パンの国から来た人かもしれない」なんて。何だかわからない人種になれるのがいいのかもしれない。ただ、こういうパン人間のコミュニケーションは非常に疲れる。三〇人のパン人間で最初出発するときはいい。でも一、二時間経つと、どっと疲れてくるんだよ。でも、終わったときの満足感はすごくある。みんな、やって良かったと必ず言うよ。今の若い人は生活が単調すぎるからかもしれないけど、パン人間をやってみたいという人がいっぱいいるよ。パン人間だけでなく、他のコラボレーションもやりたいという人がいっぱい出てくるというのは、今の日本の現状なんだろう。

特に女の子に希望者が多いね。それは良いことだと思う。

パン人間に参加したからといって、それでいったい何が得られたのかって、そんなのはわからない。ただ、終わった後、やって良かったと体で感じるとか、こういうのもあるんだとか、サラリーマンの生活だけが人生じゃない、こういうことをやりながら生き方を表現するのもいいとか、参加者は言いたいことを言っているよ。そんなふうに自分なりにわかってくれることでいいんじゃないかと思う。

——アートを通して何をアピールしたいのですか?

ぼくは、こういうパフォーマンスをすることによって、アートを生活にしているということ自体が大切だと思っている。とにかく未知数のものをやりたい。特に、現代美術では今までの観念を変えるものが大傑作になるんだ。

周りからは、「こんなのがアートになるの?」「何やってんの?」と言われたものが、そのうちだんだん意味が出てくるんだ。時間が経つと、「あれはすごいことやってたんだ!」と言われるようになる、そんなもんですよ。一〇年前、二〇年前は、「あれは気が変だ!」「なんであんなことやってるんだよ」と言われていたのに、ところが、だんだん世の中や文化が変わってくる。一〇年くらい経つと、「すごい仕事をしていたんだ」と、そうなるまでにはだれでもみんな苦労しているよ。

巨匠になった人たちはみんなそうだと思うよ。科学の分野だってそうだろう。最初に発見したときは、「それ、何やってんだよ」って言われてたのが、二〇年後にはじつはそれがすごい発見だったりすることってあるでしょう。

横浜トリエンナーレ(二〇〇一年)では、「パン人間」を含む一〇〇〇点の写真を展示したんだ。会場に来た三五万人の人が、ぼくの作品を見ていった。そこでは、「これ何だろう」「こんなことをやっている人がいるんだ」って、行ってみよう、やってみよう、参加してみようというようになっていったんだよ。

「これは何だろう?」と、まず感じることが大切。全て何事においても。そういう経験がない生き方は、ベルトコンベアーに乗った人生のようなものだから。

だから美術で大切なのは、一生懸命生きようとか、なんかやってみようという力を与えることだと思うよ。そういうものが現代は少なくなっていると思うし、ぼくなんかが今脚光を浴びるのは、そういう意味で一生懸命やっているからだと思う。

――継続することが大事なんですね。

巨匠と呼ばれている人でも、それ以前には、駄作もいっぱい描いていたと思う。ダ・ビンチなんかにしてもね、きっと。ぼくの作品の場合は、だいたい一〇年単位でやり方を変えている。パン人間は一六年、アートママは七年くらいやっている。

でも根本は、結局「人間」なんだ。ぼくのテーマは、コミュニケーションなんだけど、そのアプローチの方法が変化していっているだけだ。

いいものが出るためには、だから時間がかかる。

「またパン人間ですか？」と、言われることがある。このごろ飽きられてきたかな、と思うこともあるよ。

けれど、松尾芭蕉は、行く先々の土地の空気や風、そこの人たちに出会って、それでいい俳句の作品ができたんだと思うよ。「奥の細道」は、書斎で書かれたものではないんだ。

ぼくの場合も同じ。ぼくは俳句じゃないけど、そこの空気、風、人とのコミュニケーションのなかでパフォーマンスという一つの作品を作っている。

だからそのときどきで、結果として一〇〇点満点中一〇点くらいのパフォーマンスしかできないこともある。ニューヨークで、「おれたちは腹が減っているのにそんなことするな！」と、殺されそうになったときがそうだ。逆に、ネパールではみんなに拍手喝采されて、九〇点くらいのときもあった。

そういうものが全部集まって、一つの大きな仕事になっていく。その集大成が一〇〇点とか一〇〇〇点にもなっていくんだと思うよ。

大分県でやったのも、その直前にイギリスのベルファストでやったのも、その土地土地で、そこの人たちと作品を作ってきたんだ。

それだから集大成には時間がかかるんだ。一つの展覧会だけで何かやってくれと言われても、そんなのはできないよ。

こんなふうに時間もお金も全部使って、もちろんエネルギーも使っているから家庭が持てないのかもしれないけど、はっきり言うと、そのくらいのことをやらないと世界のトップクラスのレベルにはならないと思う。ちょこちょことした時間で、サッと描いて、それを一、二年に一度発表するような、そういうのでは、やっぱり見ている人もエネルギーを感じないだろう。もっと全てを賭けないといけない。

このごろすごく寂しい感じがするときがある。ベネチア・ビエンナーレに出て、それで脚光を浴びて、それからは展覧会のオファーもすごく来るようになったけど、逆にみんなが認めてくれたという寂しさがあるのかもしれないんだ。逆説的だけど、いい仕事が来れば来るほど寂しくなったりもするんだよ。

一人でポツンと座っているとき、だれかに言われることがある。例えばアシスタントが「折元さんいい顔してるね」とか、突然言い出すことがある。「やっと人間に味が出てきたのか」とも、言われるんだ。ぼくは話しているときはうるさいんだけど、たまに疲れて黙って遠くを見たり、何かを待っていたりするぼくを見た人が、「いい顔してるね」と言うようになって、やっと美術をやっていて充実した人間になれたんだなと感じるときがある。

歳も五〇を過ぎたからかもしれない。このごろ、作品を作っていて、こんなのでいいのかと不安になるときもあるんだよ。でも、やっぱりどんどん作ってみようという力もまだ出てきているのも本当だ。

前からエネルギーはあったけど、五〇歳にして、寂しさと、その裏の気持ちというか、これから大きな作品を作れそうな気もしている。

――五〇歳でそのエネルギーとユニークな発想は、いったいどこから?

ぼくは、全時間、全エネルギー、全てのお金をアートに注ぎ込んでいる。いつでもアートのことばかり考えている。だから、お風呂に入って解放されたときにアイデアが出る。「アートママ」のときもそう。お風呂で、「ばあちゃんと何をしようか。これをやってみようか。ばあちゃんとこんな作品を作ってみようか」と、いつもアートに結びつけているからいろんなことが浮かんでくるんだよ。

今回の新作は、一六個のドラム缶にばあちゃんとぼくの友人が入るという、なかなか気に入った作品ができたけど、それもある日、仕事で秋田に行った日にバスに乗って、捨てられた寂しいドラム缶を見たことが発端だった。そんなものにはふつうの人は、例えば一緒に乗っていた画廊の人は何の関心も起きなかったと思う。

ぼくにはいつもアートに結びつける気持ちがあるから、一見何でもないようなものを見たときでも、そのときはドラム缶だったけど、それが寂しそうに見えたり、ドラム缶の昔の思い出が出てくるんだ。すると、ドラム缶が何かのスペースや空間になるんじゃないか、なんかそういう発想がパッと出てくる。

それは日ごろから、自分がいつもアートをしていたいと思って、二四時間エネルギーをそこに使っているから、見るものでヒントがパッと出てくる。ふつうの人は、いつもそんなことを考えてるわけではないから、出てこないのは当たり前だよね。

——どうしてそこまでアートに全力を注ぎ込めるのか不思議ですけど。

どうしてと聞かれれば、それはエネルギーがあるからだよ。アートに対する情熱なんだよ。おれはアートが好きなんだよ。小さいころから好きだった。例えば、小学校の夏休みの宿題でも絵ばっかり描いていた。文章は少ない。それはやっぱし、感性なんだな。色とか形に惹かれてたんだ。絵が好き、美術が好き、それがないとやれないよ。

アートがないと、ぼくは死んじゃうよ。だからぼくはアートに生かしてもらってる。アートがぼくの女房であり、子どもなんだ。他の作家でもそういうことを言った人がいるけど、実際そのくらいに自分を注ぎ込んでいる。

死んだ親父は、アートが全くわからない人だった。「こんなことやって！」と、非難することばかり言ってた。アートがわかんないと、アートに価値を感じないと、それはつまんないものでしかないのは当たり前だ。

そんなに言われながらも、今までこれだけの作品ができたことについて、お袋には感謝している。これだけ自由な発想と感覚を与えてくれたお袋には本当に感謝している。おれは本当にアートが好き、それで幸せだと思う。

外国から帰る飛行機の中でお袋のことを思うと、たまに泣くことがあるんだ。あの人だけがおれをわかってくれて、今までやらしてくれてたと思うと涙が出るよ。パン人間でもアートママでも、自由な発想と感覚をくれたのは、お袋がアートママだったからだとすごく感謝している。

パフォーマンスには、アシスタントや、ボランティアで参加してくれる人の協力が絶対必要なんだ。なにしろ現代美術というのは一人ではやれないのは事実だから。

でも、ぼく自身の人柄がいいとか、ぼくに温かいところがないと、人がついてこない。ぼくをこういうぬくもりの感じられる性格にしてくれたのもお袋だし、本当にお袋あってのおれだと思うよ。

そんなことを考えると、頑張ろうと思う。足に痛風が出て、イギリスには足を引きずって行ったけど、そのときもお袋が「頑張れ」と言ってくれてると思って、ヒイヒイ言いながらやってきた。アートやってるときも、いつもヒイヒイ言ってるよ。

夕方は、お袋からソバ屋や焼鳥屋に逃げて、自分の時間をもらって飲んでいる。そのときはふつうの人間にかえる。でも、飲んでるときもアートのことが頭のどこかにあるんだよ。例えば、店の中を見ていて、今度この店でパフォーマンスをやってみたいなとか、この人たちとコラボレーションしたいとか、そういうアイデアが出るんだよ。

――折元さんは、捨てられたものをよく素材に使っていますね。

実際、ばあちゃんたちにタイヤをかぶせたときは、「なんでこんな作品を作るのか」と聞かれたよ。(巻頭口絵2頁の作品)

うちのお袋も含めたばあちゃん三人は、戦争中や日本が頑張らなきゃいけない時代に一生懸命働いた。それで今は九〇歳近い。タイヤをかぶった三人のお年寄りのうち一人は今は亡くなったけど、みんな体がボロボロになって病気になった。モノで言うと、使い捨ての要らないものになってしまったんだ、あのジェネレーションは。

それと同じように、今はモノがいっぱいあるから、自転車に乗ってもちょっと具合が悪くなったら捨てちゃうとか、そういう時代なんだ。でもおれは、使いものにならなくなったもの、例えば生きている最高の状態が一〇〇パーセントとすると、九〇パーセントが壊れてしまってあと一〇パーセントしか残っていないものでも、その一〇パーセントが生かされて一〇〇パーセントに再生されることもあると思っているんだ。一〇パーセントしか残っていないものに息を吹き返させる。そういうことがおれは好きなんだ。

　ボックスのオブジェがある。(次頁)あれは、ドイツから友人が送ってくれた小包の箱だった。ある日、あれを外に捨てておいたら、雨に濡れてた。見たら、その箱にすごく味があって、とてもいいと思ったんだ。

　それで、あの箱にばあちゃんの日ごろの写真をコラージュして、会話を録音したものを中に入れた。それだけで一〇〇万か二〇〇万円の作品になったんだ。

　そういうふうに九九パーセントエネルギーがなくなって、あと残り一パーセントしかないものを、息を吹き返させてまた一〇〇パーセントのものに戻す。そういうドラマティックなことがすごく好き。三人のばあちゃんたちも、ぼくが写真を撮らなかったら静かな人生で終わった。それも幸せかもしれないけど、でも一つのメモリアルとしてこれからも一〇〇年くらいはこの写真は残ると思う。

Carton Box in Tatters and Mama's Live Voice
ボロボロのダンボールボックスと母の生活の声　1999年

そういう一つのメモリーでもいいし、新しいものじゃなくても、有名なものでなくても、やっぱり生きていることがいい。おれのこういう精神も、じつはばあさんからもらったのだと思う。モノを大切にするというか。

病人も寝たきりの人も、それなりに輝いていると、ぼくには思えるんだ。だから、ボロボロの箱もそれなりに輝いていると思える。

もちろん、ばあちゃんたちも輝いているんだよ。それをぼくが一つのモノにして、展覧会に出すと、そしたらもっと一〇〇倍にも輝くわけよ。

オブジェは、拾ってきてコレクションしただけのものではないよ。単なるモノではなくて、ばあさんの生活とかおれの生活をそのモノに加味したことによって新しい作品ができたんだ。

ぼくの作品を見に来た人が、「これと同じようなものを、昔、もらったことがある」と言っていた。そんなふうにどこにでもある同じようなモノに、ぼくがばあちゃんの写真を貼ると作品になる。そこが面白いところなんだ。それがぼくにしかできない何かなんだろう。

どうしても欲しいものがあってそれが一〇〇万円するときには、それは買う。でも、ぜんぜん買わないで捨てられたモノも使う。それは同じ意味なんだ。

今やろうとしているのは、ばあちゃんの声だけでもいい。あるいはモノじゃなくてもいい。ばあさんに風船を膨らましてもらって、そのばあさんの息を作品にしてもいい。そういうことをやると楽しいんだよ。

――アートには生きる力を与える何かがあるのですね。

みんなが面白いと思ったり、何だろうと思って行ってみたり、参加してみようと思えるとしたら、そういうものを与えるのがぼくの作品のいいところだろう。

モノを見て鑑賞するだけじゃだめなんだ。今は、参加型コミュニケーションができないと。「モナリザ」を見たって、あれに似た人はいないよ。あんなきれいな人は自分たちの生活の中にはいないんだ。でも、自分のばあちゃんや娘、子どもに似たものを作品に見つければ、「ああ、これ、似てる！」となるだろう。そういうことのほうが美術館に来た意味があると思うし、それで「また行ってみよう」と思うに違いないよ。

――捨てられるモノと高齢者がだぶるんですか？

おれは、使い古した革ジャンが大好きなんだ。今着てるのはニューヨークの古着屋で買ったもので、もうすり切れてるよ。本当に良いものというのは、そこに歴史と汗と涙があるんだ。時間とか生活に関わってきたものだと思う。

例えば、ブランドのバッグ。そういうのは、ぼくにはぜんぜん魅力がない。やっぱり、うちのばあさんが五〇年使った、いつも持っているバッグはすごくいい。ばあさんにとっては宝物だし、おれだってそれを見てると宝に見えるんだ。

ばあさんはそのバッグに自分の保険証とか診察券を入れて病院へ行っている。おれには、そういうことが感じられるバッグのほうがいいに決まっている。

作品も時間がかかる。生きていれば、いろんな苦労がある。食べていかなきゃいけない。もちろんエネルギーもいる。そういうことが感じ取れるようなモノはすごい。

銀座のデパートで一〇〇万円のバッグを買ったとしても、おれにとってはなんの意味もない。それは頑丈でデザインも良いかもしれないけれど、それより何より、うちのばあさんが持っている、薬が入っていたり、保険証や診察券が入っているバッグのほうが、おれには一〇〇万円のバッグ以上の宝物に感じるよ。

——アルツハイマーの人たちに同じような魅力を感じていますか？

アルツハイマーの人は、おれたちには考えられない魅力というのはおかしいが、なんかそういうのがあるように思えるんだ。

テレビなんかで障害者のドキュメンタリー番組を見て、よく感動することがあるよ。アルツハイマーで自分の部屋もわかんないような人が、ある日突然、「鳥が見える」とか言いだしたりするから、すごい世界に入っているんだなと思う。あの人たちはそんなふうに、ぼくたちの気づかないことを発見したりする。人間の美しさというのは、案外そうなったときに発見できるものだ。そうなったときのほうがきれいに見える。きれいに見えるというのはおかしいかもしれないけど、そういう人たちは、ふだんの生活では人間性を失ってしまっていることが多いんだけど、人が生きているっていうことはああいうことなのか、というような魅力を感じる。

精神的な障害の人や身体障害の人には、ふつうの人にはない魅力があって、その魅力に人間の根源的なものを感じている。そういうこともまた、ぼくのアートに取り入れたいと思っている。

——母を題材にすることに抵抗があったようですが。

それはきついよ。一般的に、日本人は自分のプライベートを見せるのがいやだと思う。以前、ぼくはメモに書いたことがある。

「有名になるためなら、ばあさんでも利用する」

なんかそこまで有名になることがいいとは思ってないけど、そんなことを書いたことを覚えているよ。

ある日、ばあさんに聞いたんだ。

「ばあさん、おれがこんだけ世界の新聞に出るようになったことを、死んだじいちゃんは喜んでるかね」

そしたらお袋は、

「それは喜んでるよ。私も嬉しい」

と答えたんだ。

そう聞いたとき、良かったと思った。やっぱり息子が社会で脚光を浴びるようになったのが、お袋の冥土の土産というか親孝行だと思ってる。

ただ、プライベートのことを出すから、例えばソバ屋だって、本当に親戚みたいなつきあいをさせてもらっているので、うちの困ったことまで全部話す。だれだって写真を撮られたときには、やっぱり恥ずかしかったと思うよ。うちのばあさんは、アートママのスターになっているから、全てが出てる。恥ずかしいかもしんないけど、でも子どものためというか、そんなこと言ってられない。

今、世界はリアリティーのアートになってきていると思う。

ロンドンの作家だって、アル中のお母さんを撮ったりしている。お母さんが肥満で過食症の人も世の中にどんどん出す。それぐらいに今のアートはリアリティーの世界になってきている。

だから、ばあさんがいやがっても、土足でどんどんプライバシーに踏み入って、「ばあさん、おれが有名になるためにお前の顔を撮るぜ」みたいなところはある。傑作を撮るために、お前の顔を撮らせてもらうぜみたいな、そういう犠牲があるくらいの作品にしないと、みなさんが見たときに感動は生まれない。きれいな生活の部分だけを撮りましょうとか、花の絵を描きましょうとか、それでは今、感動はない。

今までは、精神の障害の人も身体障害の人も、家の中にこもっていて世間には隠していた。けれど、もうそんな時代じゃない。隠さずどんどん社会に出して、溶け込んでいくことがとても大切だといつも感じている。

ぼくはすごく難しいことを言う作家じゃない。涙の話しか出てこない。そんな人情味のあるところが、ぼくの作品の特徴だと思っている。

三　ドラム缶アート

二〇〇二年四月二十七日、折元さんはスタッフ二人と一緒にトラックでドラム缶を作っている工場へ出かけた。工場は、京浜工業地帯の川崎にある。

敷地には胴体が深いグリーンに塗られた大きなドラム缶が整然と大量に並べられている。特注で、ドラム缶の上部の蓋をガスバーナーでくり抜いて、人が上から入れるようにした。それを今、ベルトコンベアーでトラックの荷台まで移動して積み込むのだ。

折元さんがドラム缶の中に入ってみる。

「ばあさん、こんなもんだぜ」

じつは、足の悪い男代さんのためのドラム缶は、底部もくり抜いて、頭からすっぽりかぶせて入れるように工夫されている。

ドラム缶は全部で一六個。これらのドラム缶を並べて、その中に男代さんと一緒に折元さんも入って撮影しようというのである。作品作りのきっかけの一つには、親子だけの関係に閉じこもりがちな男代さんに、社会との関わりを持たせたいという考えもあった。

このプロジェクトは「一六人と一六個のドラム缶」と後に題された。発想は、折元さんのインタビューでも語られているように、秋田のグループホームへ向かう途中で、雪の中に捨てられた錆びついたドラム缶を目にしたことだった。

秋田でのパフォーマンスの間にも、折元さんは、ドラム缶のイメージをドローイングしていた。お年寄りたちがドラム缶風呂に一緒に入る様子。そして自分も入る様子。一つ屋根の下で一緒に住んでいても心がばらばらだったお年寄りたちの心やライフスタイルに、互いの共通点や共感できるものを見つけてほしい。そんな折元さんの願いを込めたドローイングだった。

ドラム缶を積んだトラックが銀座のギャラリーに着いた。スタッフとの短い打ち合わせが始まる。

「明日午後三時から、ぼくとばあちゃんの二人で……。四時になったら客を入れよう」

翌二十八日、銀座の「ギャラリー21＋葉」で、このドラム缶を使った公開撮影制作のイベントが企画されている。

若いスタッフによってドラム缶がギャラリーに運び込まれた。並べられたドラム缶を見て折元さんは満足そうだ。

「これ、いいじゃん。入って、ただ三分間立っているだけ。これは我ながらヒット作だなあ」

ドラム缶の並べ方や位置の検討を始める。

「ドラム缶に人が入るへビーな意味を造形的に……。基本は真四角でいこう」と、ひとりごとを言いながら、メジャーで間隔を測って正確に並べ直した。照明の検討、それからスタッフの若者が実際にドラム缶にも入ってみた。

「今、全体を見てみて、すごくいい。ばあちゃんと二人だけのイメージしかなかったけど、みんなが入ってみるのがいい。

こんなことやってる作家は日本にいないよ。

これはあまり手が加わるとよくない。なんで人がドラム缶に入っているか、というだけでインパクトがあるね。それで十分。

それぞれの人にそれぞれの人生がある。それがドラム缶の中に入っている……。

服装はなるべく普段着で入ってもらおう。ばあちゃんは、今日着ているネズミ色っぽいのがいいよ。顔が強くて、勝つから。母は小さくても負けてはいない。すごいよ。ドラム缶の中に入っている一人の人生。いろんな生きた存在が入っていることの違和感じゃないけどね。造形的なものを感じてほしいし、リアリティーを感じてほしい。そういう混沌としたもの、それが何であるかわからないにしても、そこから実際にいろんなものが出てくる。

今日やってみてから、これからのこととしてだけど、画廊の中だけじゃなくて、もし体育館でこれをやったら、一〇〇人の生徒がドラム缶に入るだろう。そういう作業をしたいと思うなあ。

今はアトリエだけで絵を描いていればいい時代じゃない。クリストなんかは、道路をカバーしてしまうとか、ドラム缶で道路を塞ぐとか、そういう作品もある。有名なのは、ドイツの国会議事堂を布で覆ってしまったもの。それなんかは、五年、一〇年計画で、一人ではやれないアートだ」

撮影日の朝、折元さんは男代さんを起こして、顔を拭いてあげる。

「今日は、ぼくのモデルだからね。この展覧会が終わったら髪を切って、五〇〇〇円のパーマをかけよう。でも、今日はベートーベンみたいなバサバサのこの髪型が最高」

折元さんは男代さんを起こす前に、今日の撮影の昼食にみんなが食べるおにぎりを一人で握っていた。炊飯器の熱いご飯を手に盛って、「あっつっつ」と言いながら、ご飯の中にシャケを入れる。

「これはやっぱり気持ちだからね。みんなにやってもらっているという。お袋の気持ちと同じだ。お袋はいつも作ってくれていた。朝起きるといつも朝食ができていた。だからおれにもそんなことは自然にまねできた。お袋が食事を作らなくなって、もう一〇年。お袋は動かなくなったから、食べなくなったなあ。寝ていることが多いけど、それは仕方ないね。うちの家の味は濃いんだ。労働者の子だからね」

「昼食にみんなでいっしょにおにぎりをほおばるというのも、大切なコミュニケーションだ」と、折元さんは言った。

「食卓をいっしょに囲むのは、それだけでもアートなんだ」

折元さんは男代さんに語りかける。

「今日やることを説明します。ドラム缶が一六個並べてあります」

折元さんは男代さんのソファーの横に腰かけ、スケッチブックに描かれたイベントのた

ドラム缶アート

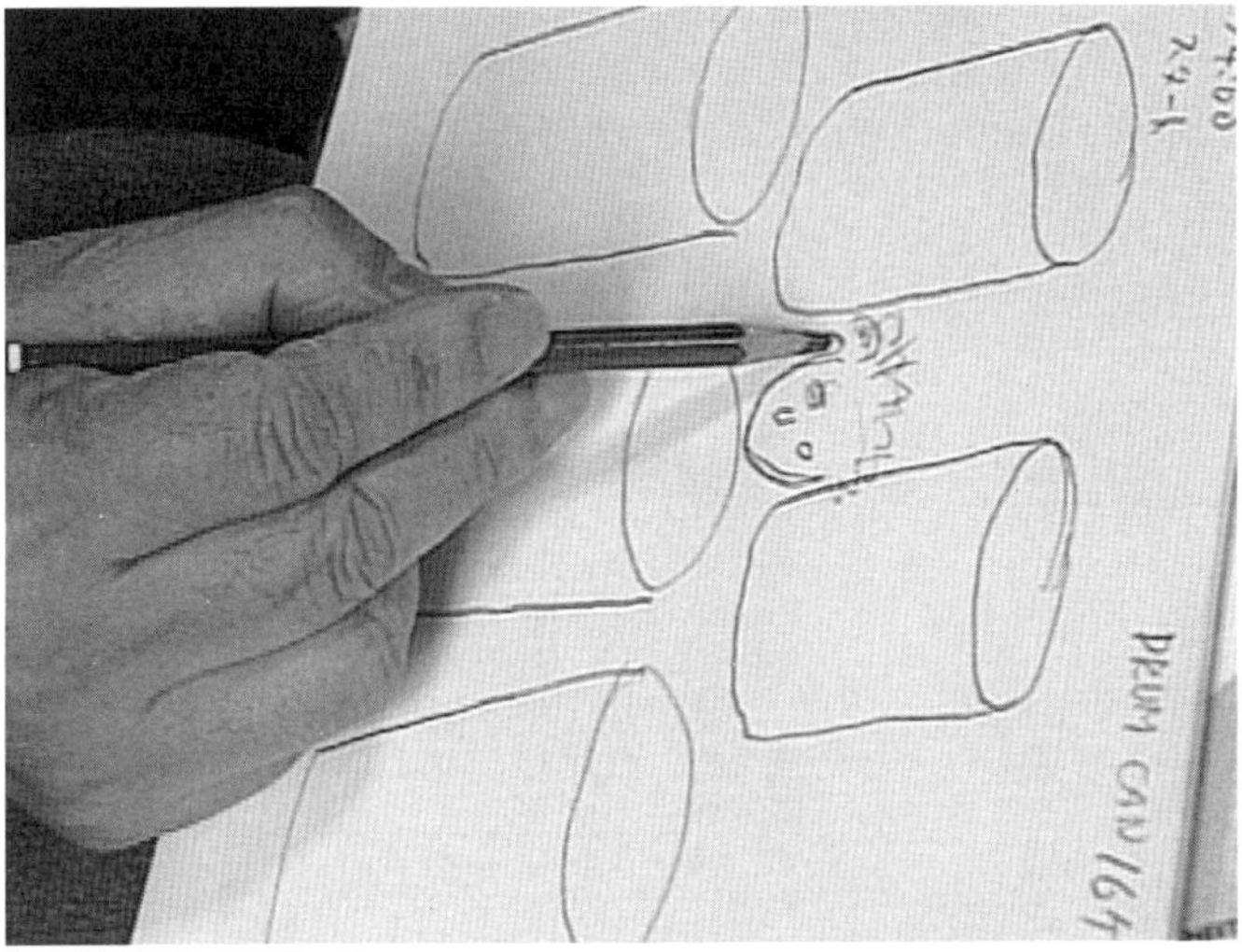

「ガンバロウ、ガンバロウ」

めの絵コンテを男代さんに見せながら説明をする。

「ここにドラム缶が一六個並んでいます。このドラム缶のいちばん前にお母さんが入ってください」

男代さんは、癖になっている口元をもぐもぐさせて突き出すような仕草を繰り返しながら、うなずきもせず黙って真剣に聞き入っている。

「そしたら、この格好で写真を撮ります。お母さんの次には、ぼくも入ります。それからつぎつぎに人が入ります。それで撮影は五時には終えたいと思います」

説明を終えると、折元さんは男代さんの手をとり、握手した。それから両手でこぶしを作り、体の前から両脇へ強く引きながら「ガンバロウ、ガンバロウ」の掛け声をかけた。

男代さんも折元さんをそっくり真似て一緒になって動作を繰り返した。男代さんの声は出ていないが、口元の動きははっきりと、「ガンバロウ、ガンバロウ」と折元さんの声に唱和している。

それから折元さんは男代さんの頭を抱き、

「今度のは出演料は出ません。でも、売れたら半分あげる。じゃあ、よろしくお願いしますよ」

と、言った。

それから折元さんは一足先に銀座のギャラリーに一人で向かった。この日の銀座は歩行者天国で、銀座和光前は人混みでにぎやかだった。

会場となるギャラリーでは、男代さんの体のことを考えて、今日のイベントを五時には終了したいと、折元さんは準備のチェックに余念がない。

折元さんが作ってきたおにぎりで、スタッフは昼食をとった。

おにぎりを食べながら、「愛情いっぱいで怖い」と、スタッフの声。

「折元さんのおにぎり、おいしい」とスタッフの女性も言う。

「結婚したら毎日握ってやるよ。一人の面倒を見るのも二人見るのも一緒だあ」

と、場を盛り上げようとする折元さんの明るい声に周囲から笑いが起こった。

狭いギャラリーのスペースの三分の二が、一六本のドラム缶で占められた。そのドラム缶に入る人の全てがフレームに入るようなカメラアングルを探す。全てをファインダーに収めるためには広角レンズを使わざるを得ず、どうしても最前列の左端と右端のドラム缶が伸びてしまったように見える。さらに、ドラム缶四本が四列に並ぶために、最後列の人の顔が前の人に隠れてしまう。妥協を許さない折元さんとカメラマンの議論が続いた。

カメラマンはギャラリーの専属で、折元さんとは初対面だった。リハーサルが進むうち、折元さんの目の色が変わる。新しい何かを生み出そうとするアーティストの目だ。

「見た目よりだいぶ狭く感じるなあ」

と言うカメラマンの感想に、

「色が着くと雰囲気も変わるよ」

「俯瞰にするとコンパクトに見える」

ポラロイドを確認して、折元さんは呟く。

「これを見ると、ドラム缶が人より目立つ。これで表情が出て、そしてドラム缶が出てくればいい」

カメラマンは、「前二つのドラム缶をなくすと法廷みたいだ」と言った。

「これでいくか！　これで人が入ればまた変わるかも」

折元さんの声が大きくなった。カメラマンも、「ライティングを考えますから」と、これで準備は整ったようだ。

ドラム缶アート

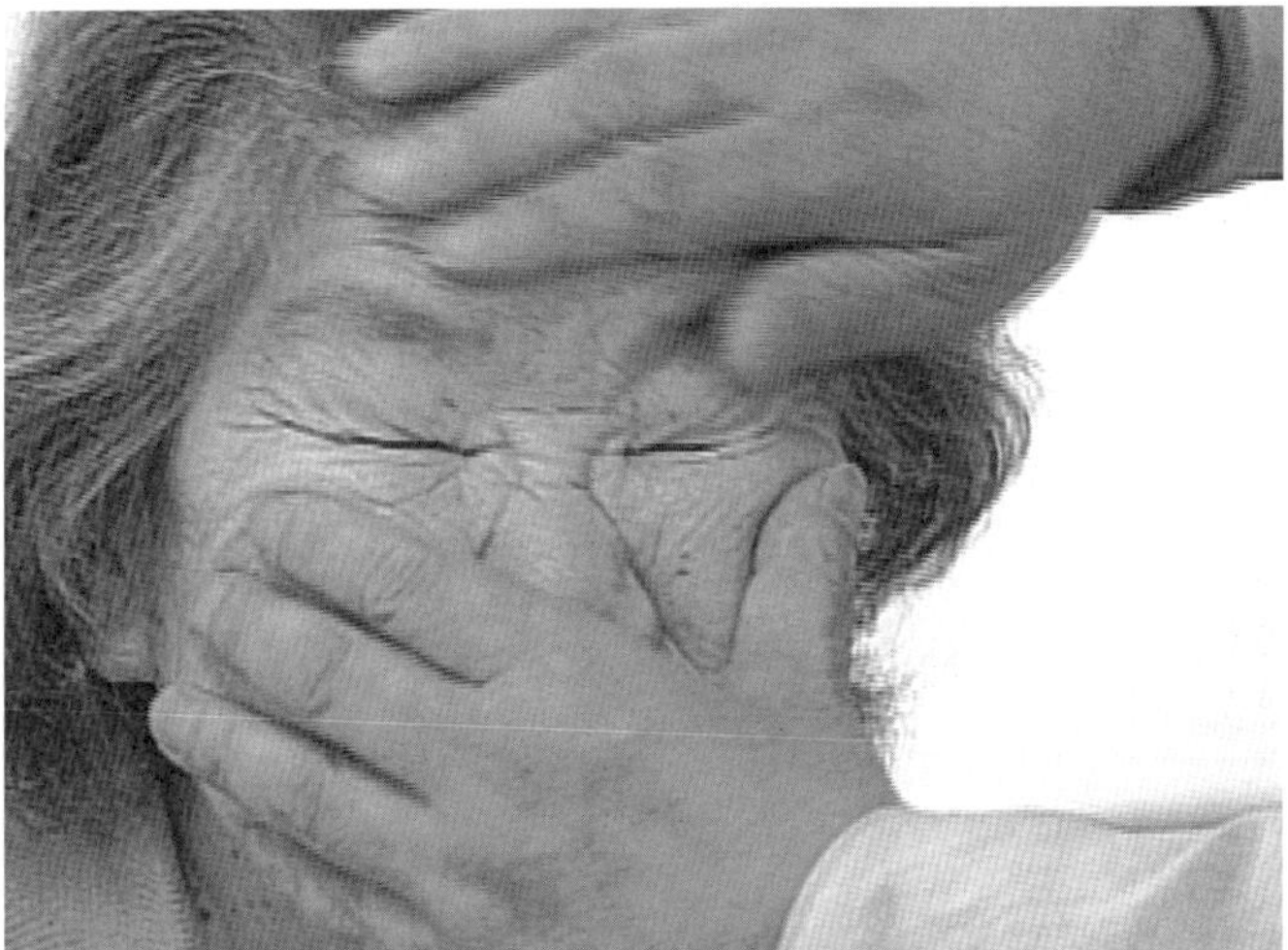

自宅から一時間かけて東京・銀座の現地まで折元さんの友だちの車で男代さんはやって来た。この日、男代さんは、人前に出るのは久しぶりのことだった。

ギャラリーの会場に到着した男代さんに、まずテスト撮影が始められた。耳が遠い男代さんへの指示がなかなか伝わりにくい。ドラム缶の中に入った男代さんは、緊張気味。折元さんは、男代さんの表情を和らげようと、ちょっと乱暴に母の顔をマッサージした。男代さん一人が入った一枚目の写真に続き、折元さんも入って二人の二枚目の撮影が終わると、男代さんはいったん車に戻って休憩するため、退場した。

そのころ、狭い会場には、三〇人、四〇人と入り切れないほどの大勢の客が到着し始めていた。

そして、いよいよ本撮影の時間が来て、男代さんの再登場である。

男代さんはしっかりと折元さんの腕に支えられている。男代さんを待っていた会場では、花束とみんなの盛大な拍手に迎えられた。男代さんは片手で杖をつき、もう一方の手を、迎えられた拍手に向かって小さな手でかわいらしく振っている。人気者の登場場面そのものだ。

ギャラリーの会場に集まった大勢の人たちに折元さんが説明し始めた。

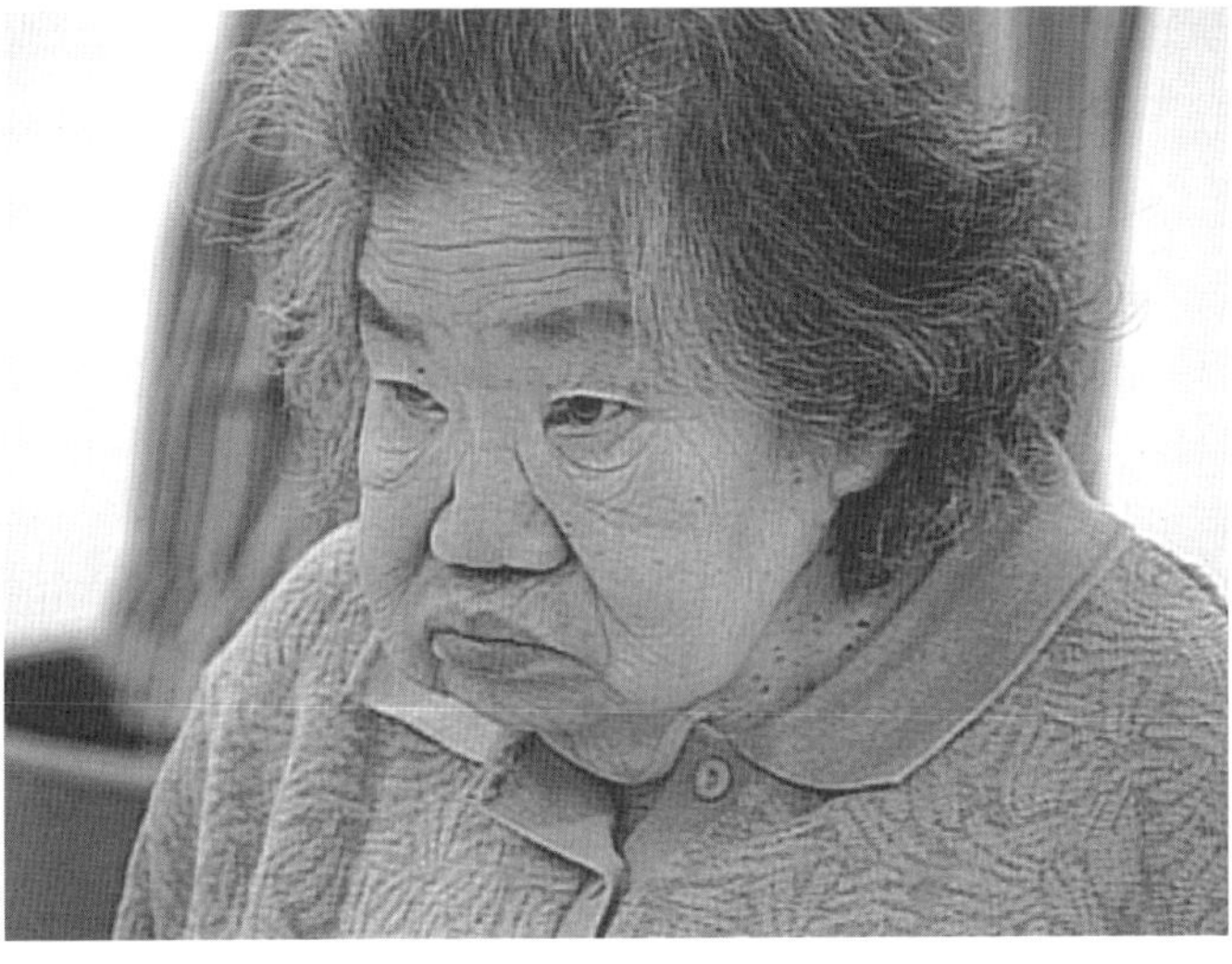

「今回は、お袋とみなさんにドラム缶に入ってもらうというコラボレーションをやります。私としては、ドラム缶に入っているのを見てもらうことと、その写真を残したいんです。ばあさまは、自分のことを美空ひばりと言っているが、今日も車で送り迎えでした。さっきは疲れたので車の中で休んで、ほんとにタレント並みでした」

「みなさんにも、このドラム缶に入ってほしいので、私がお願いした人は順番に入ってください」

ギャラリーの壁は真っ白に塗られていて、きれいに緑一色に塗装されたドラム缶が並べられている。

「かぶせまーす」とスタッフの声。なるべく男代さんに負担がかからないようにと、底をくり抜いて筒状になったあのドラム缶である。これだと、男代さんは立ったままで、ドラム缶をかぶせるだけですむ。

「前を向いてください。はい、撮りますよ。いいですか」

と、カメラマンの声とシャッターの音。

「はいＯＫ」と、折元さん。

日常生活をテーマにするため、男代さんと折元さんは、二人ともよそ行きの服ではなく、普段着である。

　廊下の観客の中から一人を指名。三人で写真撮影。

　一六本のドラム缶に入る人数は、男代さんを囲みながら徐々に増やしていく。一枚撮るごとに観客の中からドラム缶に入る人が増える。男性・女性、服装、年齢、一見無作為と思えるが、折元さんの頭の中ではイメージが膨らんでいくのだろう。つぎつぎにドラム缶に入る人を指名し、入れ替えが激しくなった。折元さんは、同時にポラロイドでもバシバシ撮りまくった。

　男代さんの顔は真剣そのもので眼光も鋭い。息子の作品のためにと、男代さんは黙ったまま、ドラム缶の中でじっとし続けている。

　人数が増えるごとに、カメラのシャッターが切られていく。そして、最後の一六人バージョンが撮り終わった。

　一六人と一六個のドラム缶。ドラム缶に入った人は、現代人の象徴である。並べられたドラム缶とそこに入った人たちを見て、団地やマンションのようだと言った人もいた。人が増えていくこと、人が集まれば、さまざまな人間関係やコミュニケーションが生まれる。男代さんの存在と、社会との結びつきを表そうとする作品である。

16 PEOPLE + 16 DRUM CANS　16人と16個のドラム缶　2002年

ドラム缶アート

撮影は三時間にも及んだ。終了したときには、自然に会場中に拍手がわき起こった。

男代さんは拍手に応えて、手を体の前で振りながら、

「サンキュー、サンキュー」

と言い、軽く頭を下げる動作をした。

また、この男代さんの動作が絵になっていて、周囲の雰囲気が独特の愛嬌あるものに変わってしまうのだった。

最後に、折元さんがみんなに挨拶した。

「こういう作品は日本にはあまりありません。これからも国内だけでなく、世界に向けてこういうふうな実験的な作品を作っていきたいと思っています。

ドラム缶に人が入るのはなぜか。そういうことは、続けていくうちにだんだんとわかってくると思います。

こういう実験作品は、外国では例えばジョージ・アンド・ギルバートがやれば一〇〇万円くらいは提供するスポンサーがつきます。日本では、企業がスポンサーになってくれないので、全て自分の負担です。

ドラム缶アート

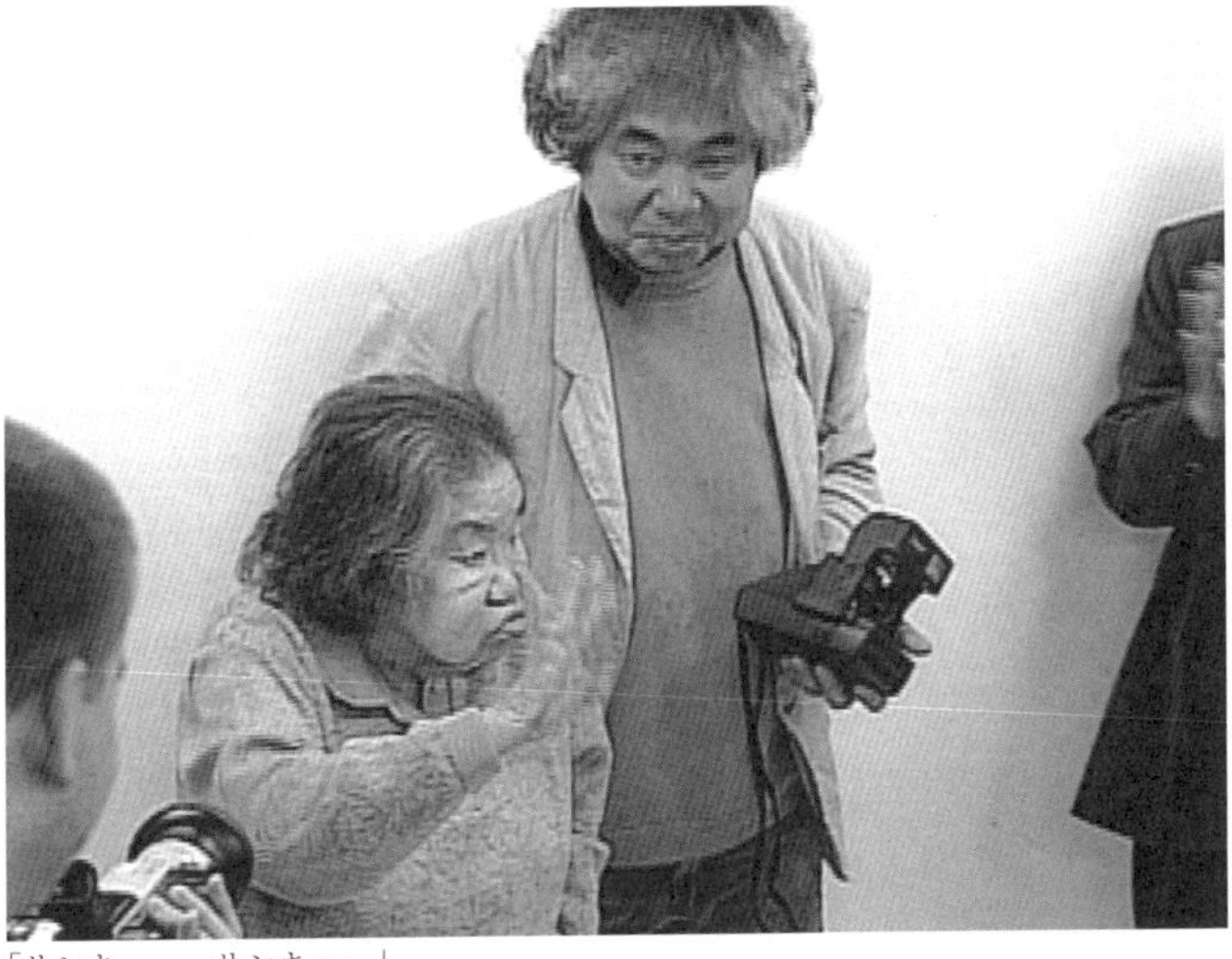

「サンキュー、サンキュー」

でも、私がこういうことを続けることで、少しでも日本のアートが世界で通用するようになるために努力したいと思います。

『これはいったい何だろう』と、日本の若い人が見てくれるように世間の注目度をアップさせていきたい。日本の文化が世界に通用するようになればいいと思っています。私は世界をターゲットにしているつもりだけど、日本に住んでいるし、日本でやって、少しでもレベルが上がればいい。

パン人間、アートママ、それからこのドラム缶シリーズと少しずつ成長して、私のアートライフの歴史になればいいと思っています。

これからも続けるよ。

今日はサンキューベリーマッチ！」

参加者のパーティーがあった。そこで、作品作りに参加した人たちの感想が聞けた。

「今日はいつもと違うコンセプトでとても面白かった。これも、これから始まっていくアートママシリーズの一つなのかなと思いました。

ドラム缶と自分。さびれているのか希望があるのか。さびれているけど、使い方によっては何か新しいものが出てくる希望があるような気がします。

折元さんも年齢のことを言うけれど、〝まだ先があるぞ〟と、そういう気がしました。ドラム缶の中はお風呂みたいに温かい感じがしました。写真を撮られているときは緊張したけど、何か面白い感じでした。何を考えてこうしようと思ったのか、折元さんの気持ちや自分のことも考えるというか、そんな感じでした」

これは女性の感想である。次は子ども連れの夫婦が語った。

「実際に入ってみて、自分が空っぽになれるのが面白かった。何か仕事だと思うと身構えてしまうけど、その場に入ってしまうと、スッキリサッパリ。自分でも意外だった。もっと緊張したり、意識するものと思っていたけど。

スッキリして何も考えない体験ができたのが面白かったけど、ドラム缶に入る意味はゆっくり考えたい」

「関係性のアートなので、折元さんとお母さんとの関係みたいなものが、私たち親子三人にも波及してくる感じがする。

入ったドラム缶の場所場所で自分の違う意味が見えてくるのが面白い。いったん入ると、場所が限定される。自由に歩ける者があそこに入ると、あの半径七、八〇センチの中に自分が限定され、束縛されるという面白さがある。普段の生活にはそういう位置関係がないから、あの距離感は新鮮だった」

子連れ夫婦の男性の感想だった。

男代さんのヘルパーの人も会場に来ていた。

「男代さんは普段はソファーで横になっていることが多いので今日は心配だった。会場では男代さんの足をさすったり、声をかけたりした。

やっぱり今日は、男代さんの意識がいつもとは変わっている。いつもは背中が痛いと言っているのに、よく頑張ったね。自分が気に入ると、『ありがとう』とよく言うけど、今日は『サンキュー、サンキュー』と言っていたから、やっぱり何か違う。

ヘルパーは、男代さんのいろんな状態を知らなきゃいけない立場なので、今日のような男代さんを見るのはヘルパーとしてとても役に立つと思った。

私にとってはアートは二の次のことで……。

でも、このアートの効果は、男代さんには抜群だと思うよ。自分はできるんだ、動けるんだ、自分の仕事としてやらなくては、息子のために自分がやらなければと、男代さんは感じているよ」

スタッフの女性二人は、

「時間が経つのが早かったね」

「ふつうドラム缶の中に入ることってないから、非現実の世界。立つ位置によって感じ方が違った」

「この行為になぜ惹かれているかわからないのに、やっぱりすごく惹かれている。またお呼びがあったら次もぜひ手伝いたい」

と語っていた。

他の参加者の感想も、次のようにいろいろあった。

「折元さんの母を思う眼をひしひしと感じた。これが母を思う眼だと思った。なかなかあそこまで母を大事にすることは見られないから、それがすごく良かった」

「男代さんが中心にいて、いろいろ周りが変化して、地球が回るみたいだった。ぼくはちょっとしか入ってないけど、楽しかった。とてもいいパフォーマンスだと思った」

「最初は何だろうと思った。不思議。非現実的で、それで温かみもある。世界で活躍しているアーティストとして、折元さんは最初怖かったけど、とてもカッコいいし、今は尊敬しています。

学校では学べないいい経験だった。みんながとても真剣だったのは、折元さんだからか。言葉では言えないけど、何か不思議な繋がりを感じた。家に帰ったら、親に話したい」

折元さん自身は、男代さんについては次のように語った。

「ここのところ母は体力が落ちていて、ヘルペスになって痛がっていたし、うつ
も
あった。ずっと家の中に閉じこもっていたから、こういうときに無理にでも連れ出さないとね。これはばあさんにとっていいことだった。ある面でこれは生きているという証拠よ。おれにだって生きた証拠よ。

うちのばあさんは、立っているのが嫌いなんだ。きっと、もっとリアクションしたかったはず。そりゃあ、パフォーマンスの母さんとしては、立っているだけじゃあ、面白くないだろうよ。何しろスターだからね。そう言っておだて上げているところもあるんだけどね。

やっぱりばあさんはアーティストだよ。シャッターを押すときは、前を見てピシッとしていたようだ。それもとてもいい薬になると思う。家だと甘やかしちゃうから。疲れるかもしれないけど、運動しないとね。緊張することや、社会との関わりが少なくなっている

から」

今日のパフォーマンスの成果に、折元さんは満足しているようだった。

「八〇～九〇点くらいいってるんじゃないかな。

何か日本の家みたいな感じがしたね。ドラム缶にみんなが入って、みんなが並んで。軍隊じゃないけど、日本の家、団地が並んでいるような、大きなマンションに入っているようなそんな雰囲気もあった。

こうやっているところを見せる、写真に撮る。ドキュメントとして記録する。これはやっぱり実験だよ。自分では何か新しい美術だと思ったよ。

ただ、問題はある。部屋が狭いし、カメラアングルが広角になっている。街中で人とコミュニケーションするものは、偶然性にまかせて、ただフレンドリーな関係ができればいいが、この場合はかなりきっちりとやらなくてはならない。計算して、パシッと撮らないと。

『これは何だろう』と最初は思うだろうね。それからだんだんと理屈づけが始まっていくだろう。いろんな人がいろんなことを言ったり、おれ自身もだんだん煮つまっていくだろう。ガチガチに理論づけたコンセプトではやってないから。おれは感覚派の人間だからな。

こういうドラム缶を使ったアートはやったことのある人がいるかもしれないけど、ふつうこんなことはあまりやらない。おれはこれをアートとして高めていく。一回では終わらないよ。継続していくのが力なんだ」

四　秋田・痴呆のお年寄りとのコミュニケーション

二〇〇二年二月、折元さんは初めて、母親の男代さんだけでなく、他のお年寄りとのアートを通じたコミュニケーションに挑んだ。

その舞台は、秋田市にあるグループホーム・サラである。軽度の老人性痴呆症のお年寄りが共同生活をしている。

グループホーム・サラは、医療法人惇慧会《じゅんけいかい》が運営している。ここでは、治療や介護のみに偏りがちであった医療・介護施設の現状に対し、アート・プロジェクトを導入することで精神的なサポートを行って、QOLの向上に努めたいと、「参加型アート・プロジェクト」が以前から行われていた。

また、施設の建物、内装や施設周辺の空間をアート化する「環境アート・プロジェクト」も試みられている。それはつまり、病院に美術館の機能を付加させてしまうことである。

入居している患者だけでなく、訪れる見舞客に対しても、ここで働くスタッフに対しても、アートに接する効果を重く考えているということである。

（惇慧会が発行するアートプロジェクトニュース「Floating Time」（vol.3　加藤淳著）に、この施設と今回の折元さんのプロジェクトの記録が詳しいので、以下ドキュメント中にも参考引用させていただいた）

このようなわけで、施設の中には、さまざまなアートが満ちている。アートで心を癒すと同時に、感覚を刺激し、アルツハイマーの進行を少しでも和らげることを目的としている。男代さんの日常を描いた「アートママ」の写真も飾られていた。

ここで暮らすお年寄りは、六十代～八十代の九人。男性二人、女性七人。（折元さんの訪問時）症状も生活のリズムも異なり、ほとんどの人が自分の部屋に閉じこもりがちだ。

コミュニケーションが不足する入所者に、いつまでも残る思い出を作り、みんなで毎日を和やかに暮らすきっかけがほしい。そう考えた施設の穂積恒《ほづみひさし》理事長は、折元さんの「母親の介護の中で実践するアートを通じたコミュニケーション」に、そんな期待を寄せていた。そして、ここでのお年寄りたちを巻き込んだパフォーマンスアートを、折元さんに依頼したのだった。

折元さんがこのような施設や病院でやろうとするパフォーマンスは、今までの病院で行われてきた「アートと医療」とは異なる。病院内に展示された絵画や彫刻によって患者がそれらを鑑賞して心を癒すというだけでなく、患者とアーティストの共同作業を通して、患者の感覚を刺激し、心の薬を与えることにある。アートからの受動的なものではなく、能動的に参加して得られる直接的な「アートと医療」への挑戦なのだった。

今回の「参加型アート・プロジェクト」の企画では、次のようなことが考えられていた。

①「アートママ・シリーズ」と同様に、入居者と介護者が日常を楽しく過ごせるようなパフォーマンスを提供すること。
②九名の入居者それぞれと、基本的にマン・ツー・マンでパフォーマンスを行うこと。
③パフォーマンスを提供する前に、入居者にあらかじめ既存のパフォーマンス写真を提示し、パフォーマンスに慣れてもらうこと。
④各入居者が参加できるパフォーマンスに慣れてもらうこと。
⑤パフォーマンスが、入居者への押し付けにならないこと。
⑥パフォーマンス提供後もパフォーマンスの印象や記録が、グループホーム・サラに強く残ること。

グループホーム・サラ
Group Home Sala

グループホーム・サラは、秋田市の日本海近くにある。「自立をめざす高齢者のための少人数住宅」。

「サラ」とは、ポルトガル語でリビングルームを意味する言葉だそうだ。施設内のリビングルームに10本の沙羅（サラ）の木が植えられていることとも符合する。

この建物は、2001年11月に完成した。およそ1万坪の敷地を「フローレンス・ビレッジ」と名づけられた、総合的な老人ケア施設群の計画の最初の一画である。

問い合わせ先：グループホーム・サラ
秋田市新屋北浜町21番地47号　電話：018－823－6711

当初、折元さんはこのプロジェクトを引き受けるかどうか悩んだ。自分のアートで見知らぬお年寄りの心を開き、再び生きる活力を取り戻してもらうことが本当にできるかどうか不安を感じたからだった。

しかし、今、折元さんは、アートのために準備した材料をいっぱい抱えて、施設の玄関にやって来た。手探りの中での三日間のアートプロジェクトが始まった。

ところが、プロジェクトの始まりは順調ではなく、不安を感じさせた。突如、折元さんたちが現れると、お年寄りたちはそれに驚いたのか、みんな自室にこもってしまったのだ。この施設では、それぞれ一人ひとりに個室がある。

このお年寄りたちの反応について、ミーティングでは、例えば食欲が落ちて体調不良を訴える声がスタッフから報告された。

問題は、お年寄りたちだけではなく、この施設のスタッフの人たちにも、このプロジェクトを不安視する空気があったことだ。

日頃のケアに懸命なスタッフにとって、よくわからない「アート」のプロジェクトと言われても、すぐには積極的な気持ちになれるものでもなかったようだ。

しかし、折元さんの信念は固い。「とにかく、一日は見守っていてほしい」と、説得した。

入所者全員が唯一集まる食事の時間。折元さんも入所者と一緒に食事をした。とにかく、そこから始めるしかない。そして、何とかここの人たちとコミュニケーションを図るきっかけを作ろうと、手当たりしだいに話しかけ始めた。

持ってきたアルバムを見せる。ちょうどその日が誕生日の人がいて、「おめでとう、八七歳。生きた。えらい！」と祝福する。花札の話が出れば、「町で花札買ってくるよ。七時からやろう」と誘ってみる。男性には、女性の話や酒の話。しかしまだ、どれも会話にはなっていなくて、折元さんの一方的な話しかけだった。

このグループホーム・サラは、じつはまだ二〇〇一年一一月から入居者を迎えたばかりで、定員の九人の入居者が揃ったのは、折元さんが訪れる直前のことだった。九人は、まだ入居したばかりのこともあって、ここでの生活にどこかぎこちないものが感じられた。

それは、まずここでの自分たちのライフスタイルをどのように守るかについての戸惑いでもある。食事での自分の指定席、自分の見たいテレビ番組の確保、暇な時間の自由な過ごし方のスタイルなどだった。お年寄りを世話するスタッフも同様、コミュニケーションの仕方に慣れていないようだった。

入居が始まったばかりのころは、朝食を食堂でとると、すぐに自室にこもった。十一時のおやつの時間に出てきて、また自室に戻る。それから昼食、そして昼寝。三時のおやつの後も自室にこもり、夕食、そして就寝というパターンだった。

折元さんは何とかこのパターンの中に食い込んで、コミュニケーションの糸口を見つけなければならない。

食堂のテーブルの向かいに座っている人に、

「寒いのより、暖かい春が早く来るといいね。まあ、春が来たらさ、外に酒飲みに行こうぜ」

折元さんはとてもやさしい表情で話しかけた。しかし、お年寄りは折元さんの顔を見ようともしない。

「お花見!」

と、折元さんが大きな声で言っても、反応はほとんどなく、会話はぜんぜん弾まない。お年寄りたちは折元さんを無視して黙々と食事をするばかりだ。

そんな中で、折元さんがまず熱心に話しかけてみようとしたのが、六〇歳の泉谷昭男さんだった。寿司職人だった泉谷さんは、日本各地で仕事をしてきたという。折元さんと歳

泉谷さん

も近く、同じ独身でもある泉谷さんは、折元さんにとっていちばん気になる存在だった。

折元さんがプロジェクトのためにここに持参したのは、パフォーマンスの小道具一式、ドローイング道具一式、ポラロイドカメラ、ビデオ、それに自作のパフォーマンス写真一〇〇枚だった。

入居者の心に残るコミュニケーションをするためには、まず自分を知ってもらわなければならない。

折元さんはテーブルに自分の作品の写真を広げた。大きく引き伸ばされた写真である。お年寄り一人ひとりの手を引いて誘ってきて、一枚一枚見せ始めた。気になる存在の泉谷さんにも、作品の写真を説明する。

「これは、インドの女の人、若いんだよ。一五歳、一五歳」

しかし、泉谷さんは九人の中でも症状が重いほうで、ふだんから何事にもあまり興味を示さない。折元さんが示して話しかけた写真も、じっと見つめてはいるのだが、その反応は今ひとつだった。泉谷さんとのコミュニケーションがうまくとれるかどうかが折元さんの目標にもなった。

結局、この日作品を見てくれたのは三人だけだった。他の人はみな、部屋に閉じこもってしまった。折元さんは厳しい表情でため息を洩らした。この日一日で、折元さんは見知らぬお年寄りとのコミュニケーションの困難さを実感させられていた。

「疲れたよ。たったこれだけのコミュニケーションをとるのにこんなに時間がかかって。でも、三人があんなに熱心に写真を見てくれたのは嬉しいよ」

実際、お年寄りたちには、この間も幻覚の出ている人もいた。写真を見せても無表情の人もいたが、折元さんは「もっとハートに入っていかなきゃ」と自分を責めている。

夕方、施設の介護スタッフとのミーティングが持たれた。このミーティングは、パフォーマンス期間の三日間で、結局計六回も持たれることになった。この日のミーティングでは、スタッフから、お年寄りが戸惑っているという報告がされた。

「いつも食欲のある人が、今日はご飯に一口も手をつけなかったので……。それから人前に出るのがいやで、トイレに行くのも我慢していたという人もいらっしゃったんですよね、今日は」

その他、入居者の声としては、

「声がうるさくて、早く帰ってほしいと思った。写真を見ろと言われても、何、わかるも

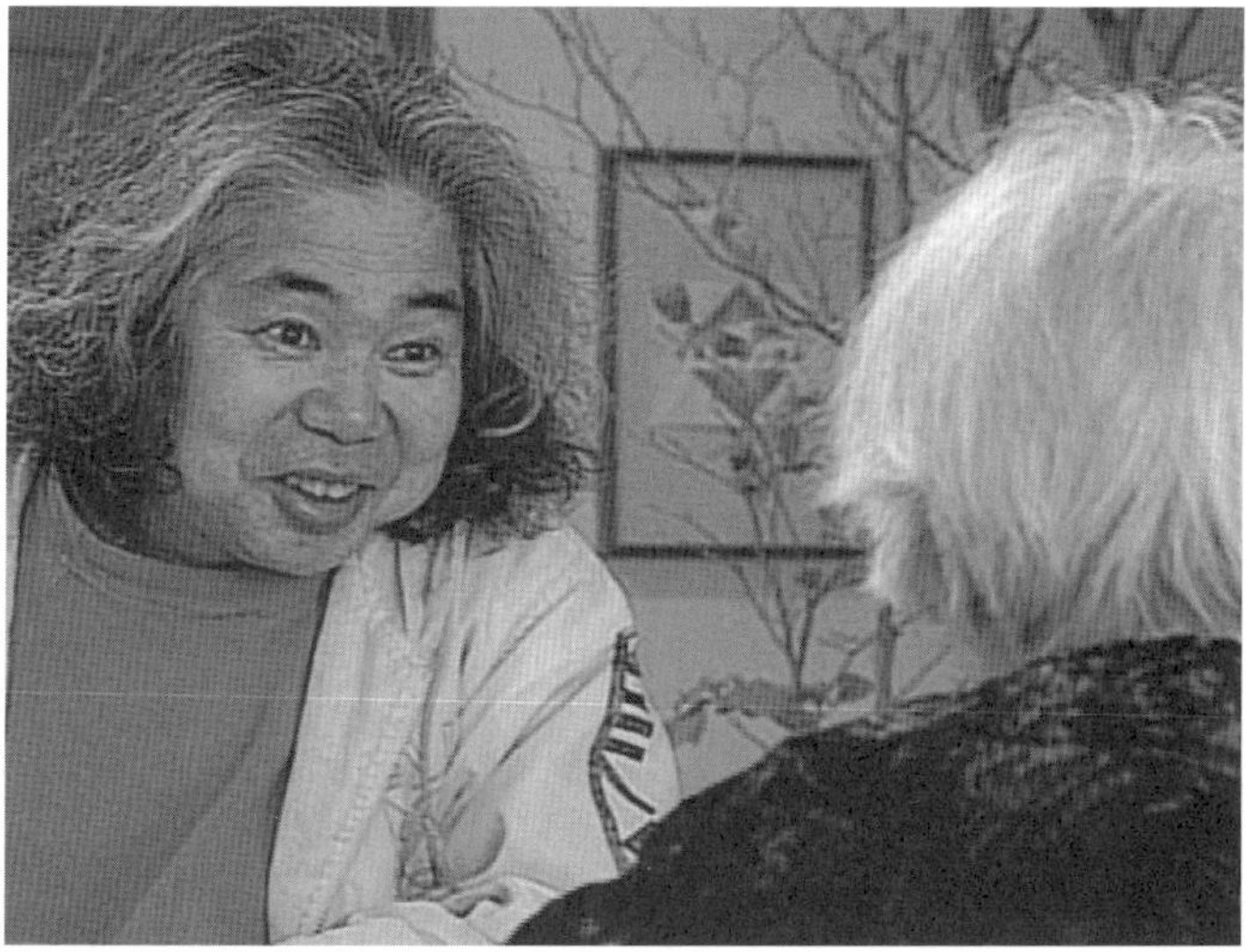

「お花見！」

んか。人の写真だし、うんざりする」

「部屋に来られるのがいやだったので、休みたいときには部屋に鍵をかけて休んでいた。しつこいのでいやだ」

「声がうるさかった。あと二日もあるんだったら、日中はどこかに帰りたい」

などがあった。

スタッフからのコメントでは、

「入居者のほとんどの方に疲れが見られました。それで、みんな、夜は早々と部屋に入り熟睡しておられました」

「カメラに対する警戒心があるようです」

「彼らが何をしに来たのかがわからないようです」

じっと聞き入る折元さん。

「スタッフの人たちからも、『面白いよ』って、ちょっと声をかけてみんなを部屋から連れ出してくれればね。ぼくのほうはあちらへは入っていけないんだから。お年寄りのほうが出てきてくれて、ぼくに任せてもらえれば、『ばあさんよ』っていつもの調子でやれるんだけどね。とにかく、そのチャンスがほしいんだけど」

秋田・痴呆のお年寄りとのコミュニケーション

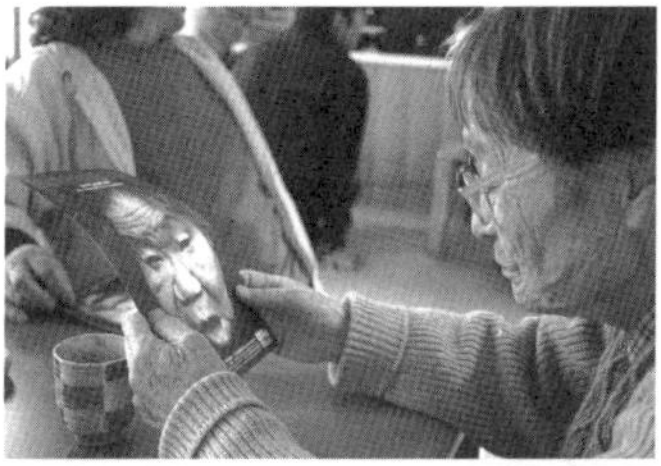

ミーティングの様子

部屋に閉じこもっている人を何とか外に誘いだしてほしい。折元さんはミーティングの後も介護スタッフに協力を呼びかけた。
ミーティングを終え、昨日やり残した写真の展示から作業を進めることになった。写真は、リビングルームや茶の間、廊下といったみんなが集まる場所を中心に展示した。そうすることで、写真を見たくない人に強要して見せることを避けようという考えである。
ただ、ミーティングでの意見が全て否定的だったわけではない。
入居者の疲れに関しては、肯定的に捉えることもできた。それまでは夜間に徘徊をする人が多かったのだが、この日は疲れて熟睡した結果、徘徊者がいなかった。夜間の徘徊にはさまざまな原因があるが、日中に適度な疲れを感じることで、徘徊を減らせる可能性を見ることができた。

折元さんは、このパフォーマンスの期間、グループホームに隣接する老人保護施設、勝平苑に寝泊まりした。折元さんは当初、グループホームでの寝泊まりを希望したが、実際にそこに二四時間居続けることは、かえってお年寄りたちに刺激が強すぎて逆効果が心配されて、施設側の判断でそれは断念したが、すぐ近くの勝平苑はかえって最善のロケーションだった。

「高校野球だって、監督だけいいホテルに泊まっていてはダメで、選手たちと同じ飯を食わないと、一心同体の気持ちにはなれないだろ」

折元さんはそんなふうに考えていた。

勝平苑の集会場には、とても広い畳敷きのスペースがあった。誕生会などのイベントを催すために紅白の幕も垂らされていた。とても落ち着いた宿泊場所とは言えない。同宿したのは、東京からいっしょに来た、スタッフの美大生である。

ここからはいつでもすぐにホームに行くことができた。朝六時に起床して、朝食前のお年寄りたちに挨拶に行けたし、逆に長時間のコミュニケーションに疲れたときの逃避場所

にもなった。実際、この間の折元さんの精神的なプレッシャーは大変なものだったろう。要求されたエネルギーも相当なものだったろうし、本格的で真剣なアートのためには、思索の時間も必要だったに違いない。

お年寄りたちのすぐ近くで過ごし、同じ空気を吸い、少しでも早くお年寄りたちとの距離を縮めたいという思いだった。

前の晩にどんなテレビを見たかなどの世間話や、一人ひとりがどのくらい朝食がとれているか、顔色はどうかなど、折元さん自身の感覚でチェックし、その日の予定のコミュニケーションアートをどのくらいのテンションで行えばいいかを判断した。

翌日、二日目。前の晩、折元さんは熟睡できなかった。慣れない布団とかの環境のことだけでなく、パフォーマンスの前のテンションの高ぶりがあった。夜十時には床に就いていたが、二時間おきに目がさめたらしい。夜中も、不安と葛藤が折元さんの心中では続いていたのだ。

折元さんはあの大きな靴を取り出した。母、男代さんが喜んでくれた靴を履けば、ここのお年寄りも同じように関心を持ってくれるのではないかと、折元さんは考えた。

折元さんは自分であの靴を履き、昨日の厳しい顔つきは消えて、廊下をそろりそろりと歩いた。折元さん自身が楽しそうだ。

最初にこの靴を見せようと試みたのは、昨日部屋から出られなかったというMさんに対してだった。介護スタッフが部屋の中からMさんに誘いの声をかけて、折元さんの立っている部屋の入口まで呼んできてくれた。

「これを見せたくて、持ってきたんだ」

折元さんが話しかける。Mさんはきれいに身づくろいをしている。

「写真のおばあちゃんがでっかい靴を履いていたのはこれだよ」

「なかなか重そう」

Ｍさんは折元さんのことを特に怖がっている様子もなく、折元さんを見て顔がゆるんでいた。果たして、大きな靴に反応があった。

「紙だから軽い、軽い。重かったら履けないよ」

「足は上がるんでしょ？」

と、介護の人も声を挟んでくれる。Ｍさんの顔もニコニコし始めている。

折元さんは、Ｍさんに手を差し出して、

「おはようさん」

と言って握手をした。これは、大事なコミュニケーションの第一歩だった。見守ってきた周囲からのプレッシャーに対しても、何より自分自身の中の苦悩からもそれを解き放ってくれるかもしれないような兆しの発現に感じられた。

廊下で偶然会った進藤さんも、昨日姿を見せなかった一人だった。廊下の真ん中に大きな緑の靴がそろえてどかんと置いてあるのに出会った。

靴には「さあ、履いてください」と誘っているような存在感がある。その横に折元さんが立っていた。

折元さんは、進藤さんに靴を履くよう勧めた。

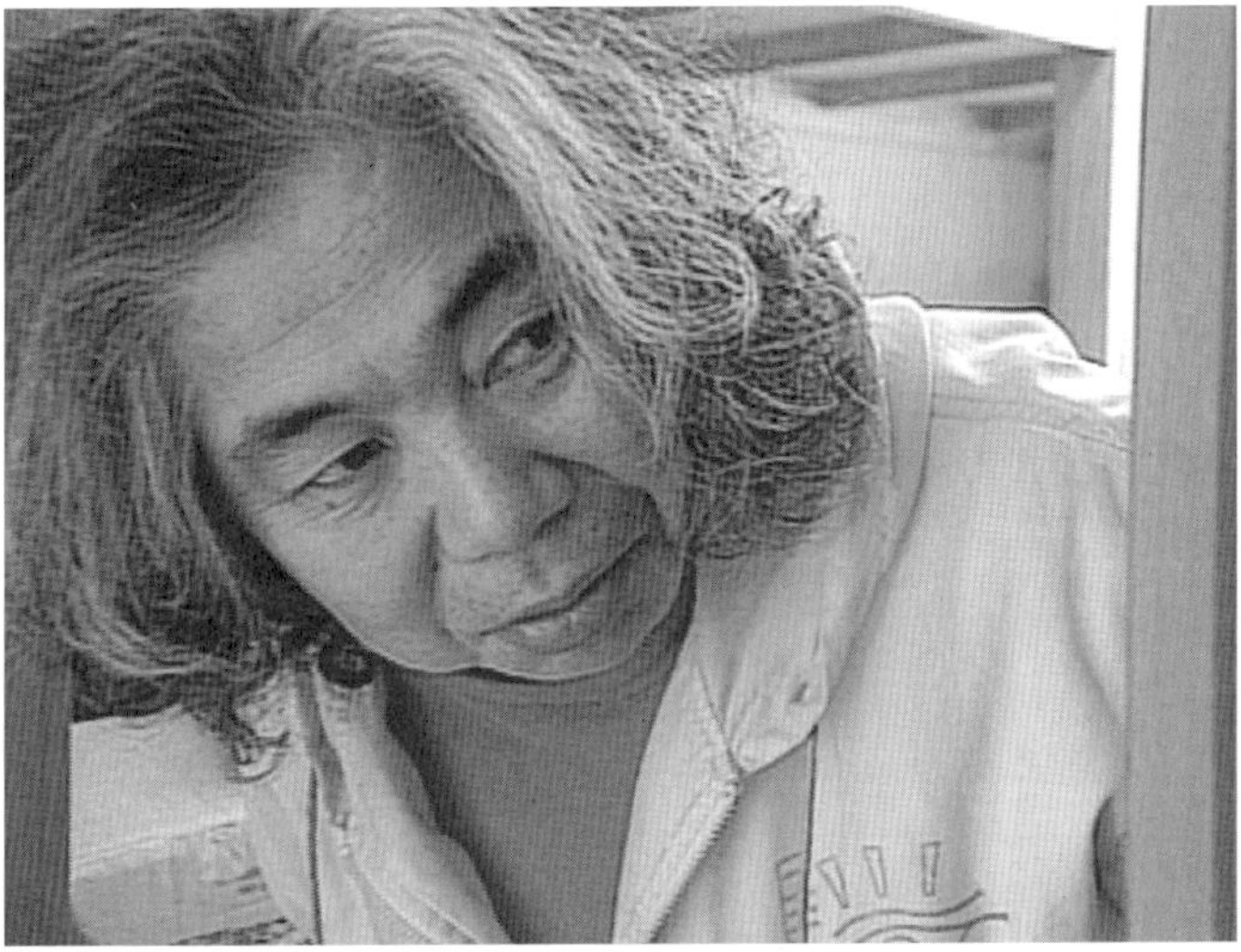

心配そうにのぞく

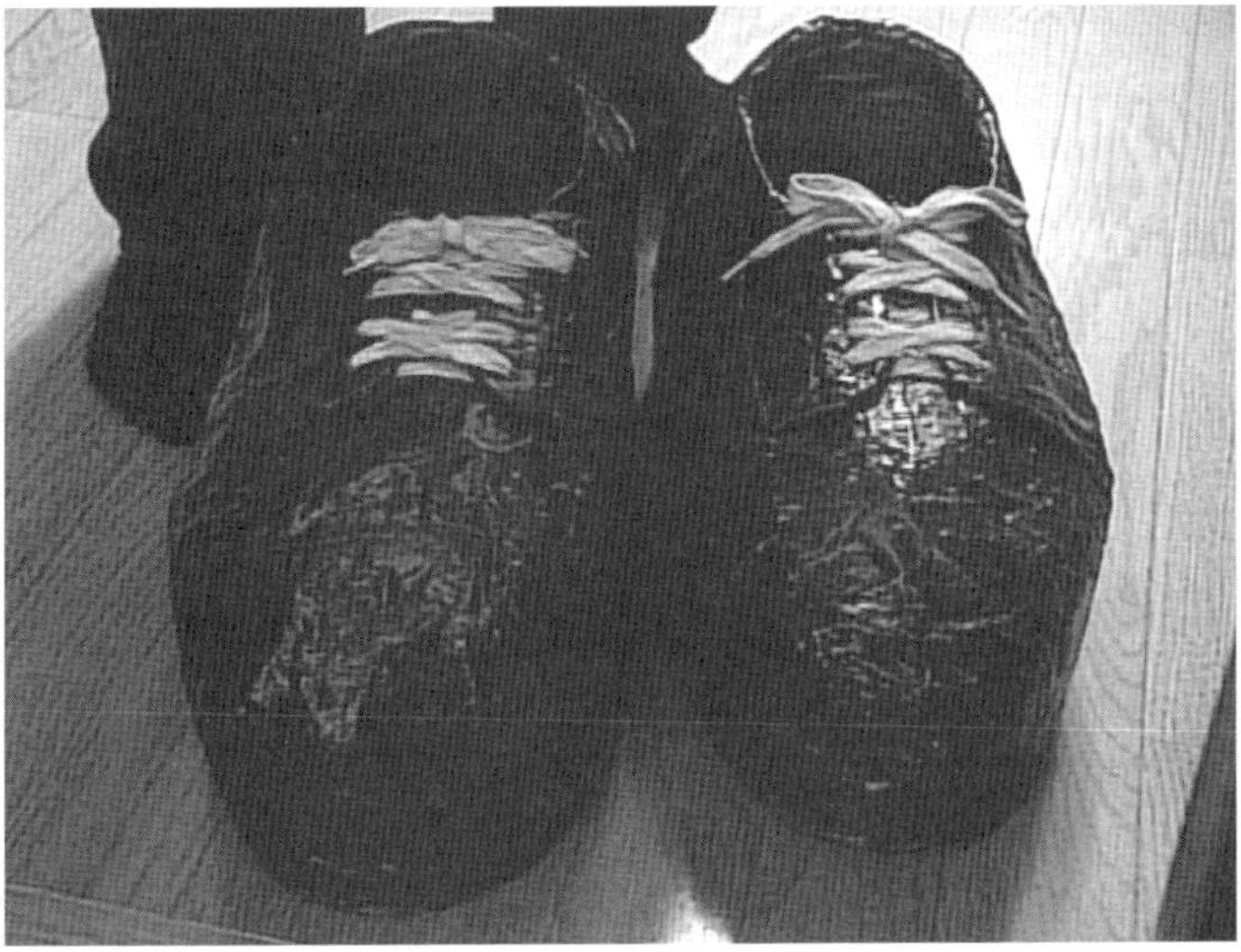

ビッグシューズ

進藤さんは、それほどいやがりもせず、予想に反してサッと足を入れると、すり足でスイスイ歩き始めたのである。側にいた介護の人も思わず、

「うまい、うまい」

と、驚くほどの歩き方だった。

広間を壁までその靴のまま進んで、Uターンして見せた顔は、とてもいい笑顔だ。

進藤さんは日本舞踊のお師匠さんだった。折元さんは、その話題からどうしても進藤さんとコミュニケーションを深めたかった。

「踊りのアルバムを見せてよ。踊ってみせてよ」

「ここで踊れったって、袂《たもと》もないのに」

と、進藤さんは秋田訛りで答える。

そのうち、部屋から一人二人と入居者が出てきた。

この靴は、とても大きく一見重そうなのだが、ダンボール製なので、実際に履くと驚くほど軽く、お年寄りもその軽さに満足げなフットワークになるようだ。それもこの靴の一つの大きな魅力であった。

「これ、どうだ？」

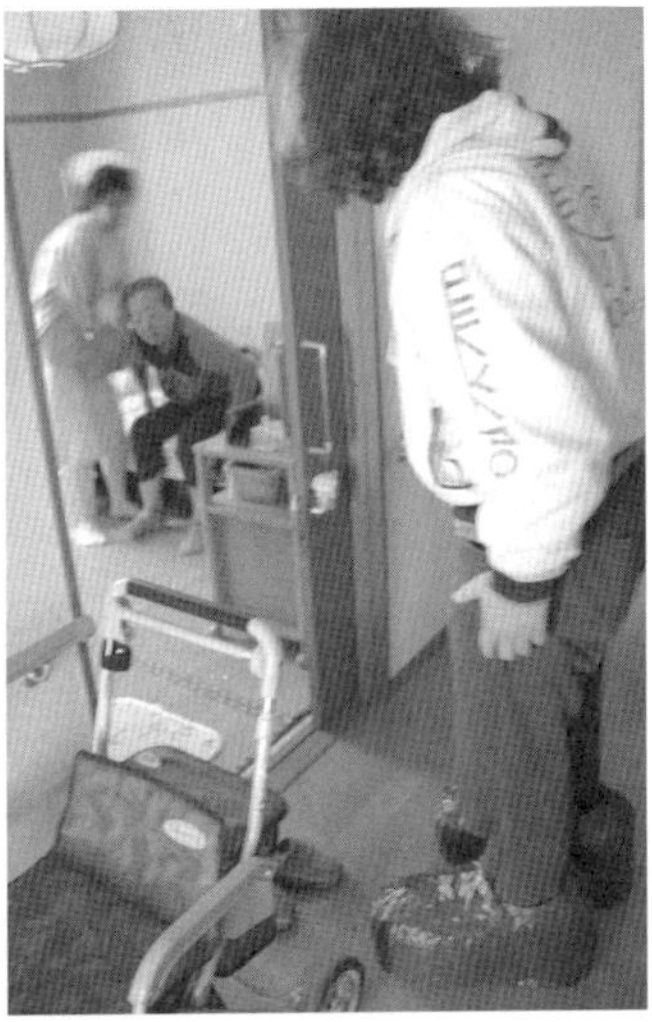

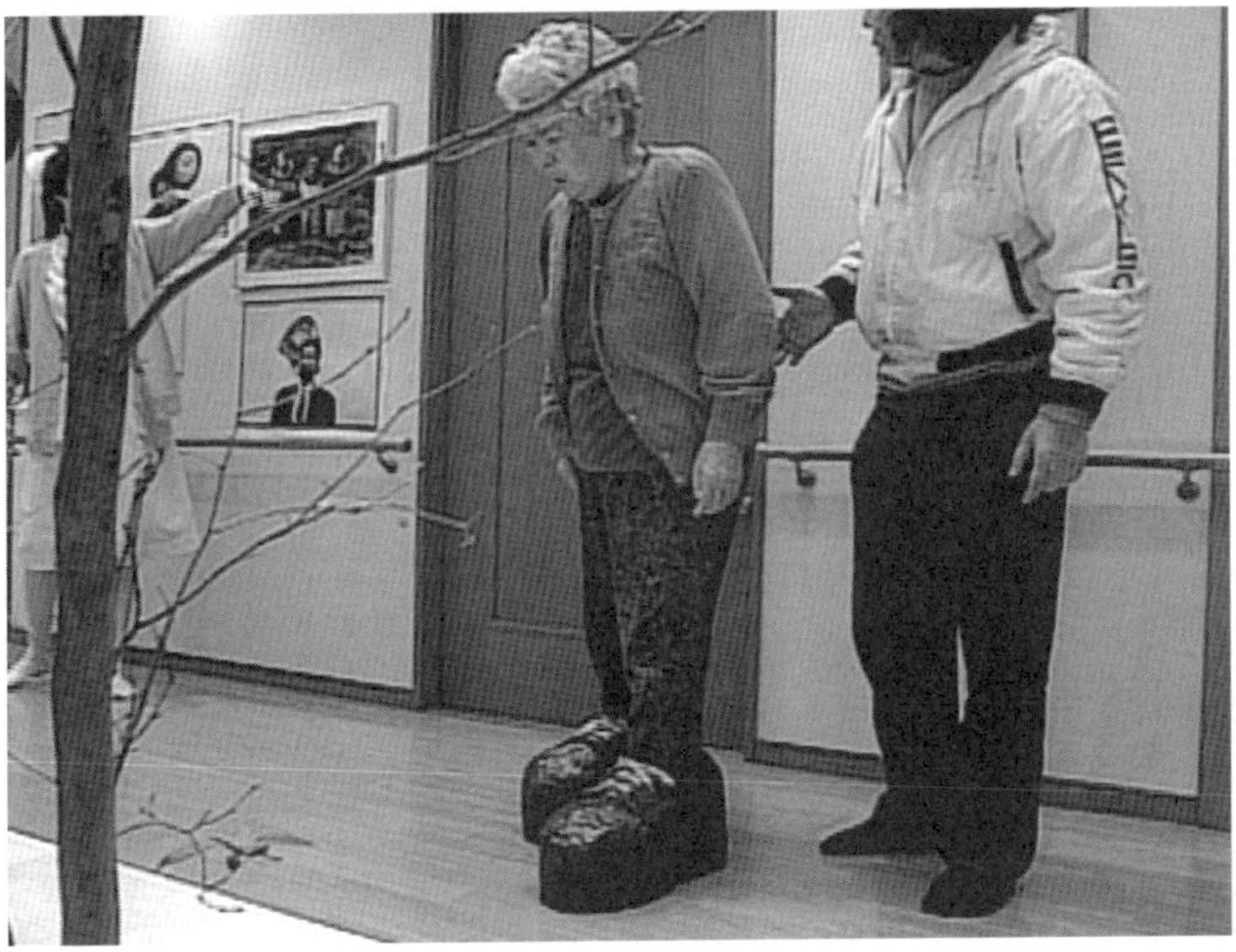

と、折元さんはみんなに靴を履くように勧める。

そして少しの興味を抱いて、試みに履いてみようとするお年寄りは、最初は不思議そうな表情から、その次には驚きの表情になり、そして満足そうな表情に変わっていくのだった。

新藤さんは、自分で思いついて部屋から日本舞踊で使う扇子と傘を持ってきた。

この場になぜかとてもぴったりする小道具である。折元さんと二人でコンビを組んで並び、写真を撮ってもらう。

「写真のほしい人は、事務所を通して申し込んでください」

と言う折元さんに、笑いが起こる。場が和んできた証拠である。折元さんのジョークも心底明るいものに変化してきていた。

そして、「花柳流を」と言って、自分で振りをつけて折元さんが踊りだした。拍手が起こる。

「腰がダメ？」

と、師匠の進藤さんの教えを乞う。

それから、折元さんの「オケサ、オケサー！」という歌声に合わせて二人は踊り始めた。

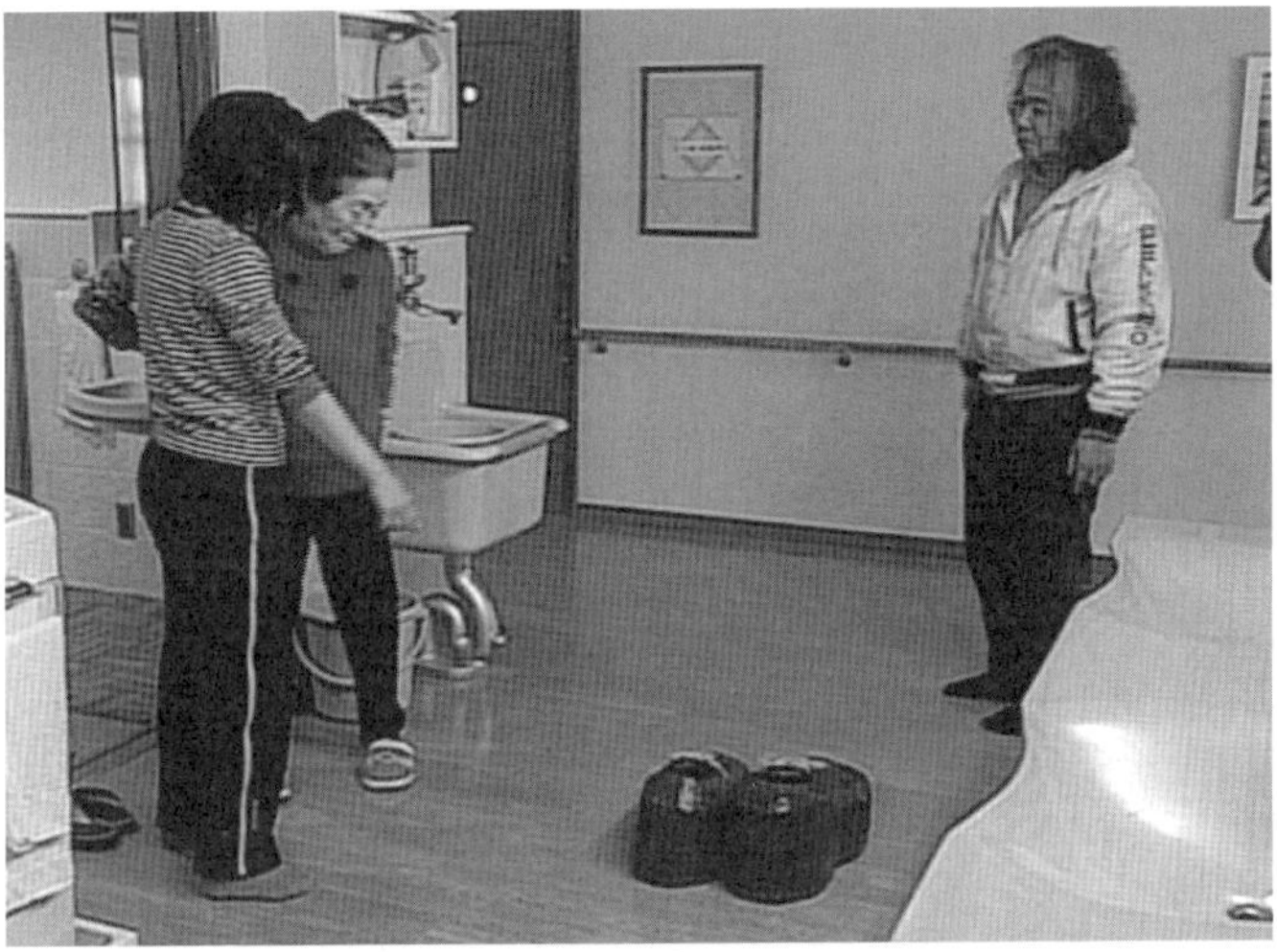

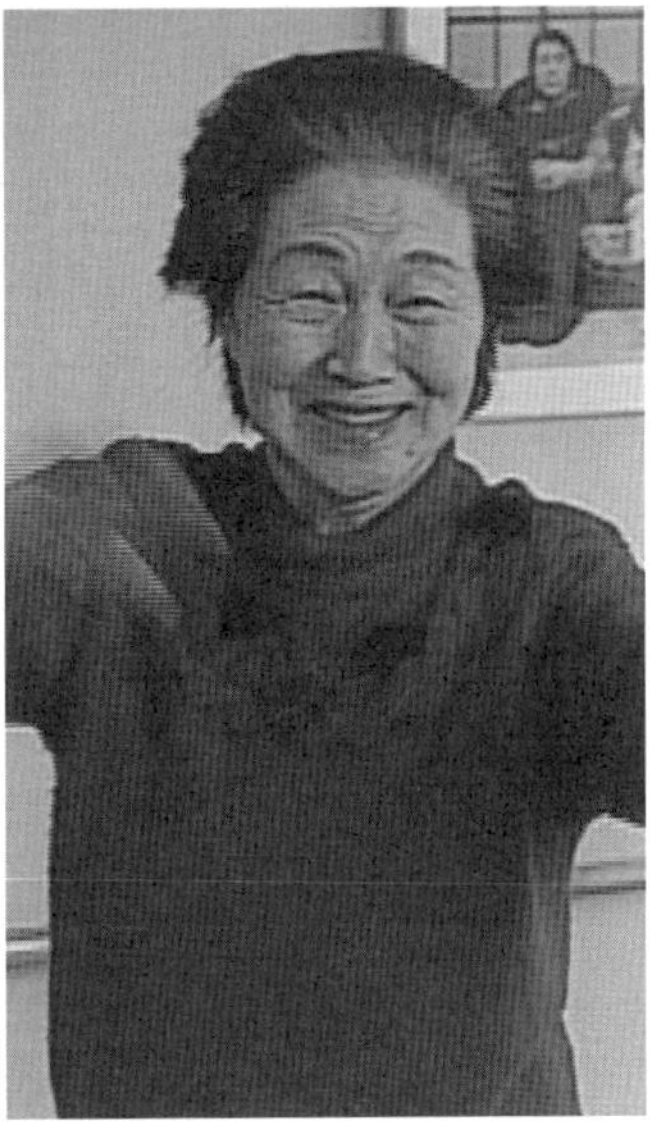

周りの人も進藤さんに合わせて一緒に踊っている。進藤さんは昔を思い出したように、とても流麗な手の動きだ。表情がとても明るくなっている。

折元さんが気にしていた泉谷さんもやってきた。そして泉谷さんも、靴を履いてみた。やっぱりそのフットワークはとても軽やかだ。

「おー、いけるじゃん」

「あそこまで行こうぜ。いっちゃん、行こうぜ」

と、嬉しそうな折元さん。「いっちゃん」とは、折元さんが泉谷さんにつけたニックネームだ。泉谷さんに付き添って、腕も組んで一緒に歩く。

「いっちゃん、やってくれるとは。ありがと、いっちゃん」

二人は止まって、腕を上げて「おー」とガッツポーズをする。泉谷さんも、折元さんのパフォーマンスに自分から参加し、こんな楽しさを体験できることに対する喜びが体に溢れているように見える。

実は、泉谷さんは、自分から「靴を履きたい」と言ったのだ。そんな積極性は、この施設に来て以来、泉谷さんにとっては初めてのことだった。

泉谷さんは満足そうに靴を履いたまま、みんなの前で椅子に座り、折元さんに促されて

再びガッツポーズをしてみせた。それを見た周りのみんなは、思わず拍手した。

この様子に大満足の折元さんは、この泉谷さんの表情を写真に収めずにはいられない。やっと引き出せた泉谷さんの笑顔。

折元さんは、この施設へ来て二日目、手探りだったコミュニケーションがようやくたしかな手応えを得られるまでになったと感じた。折元さんがポラロイドを撮りまくっては話しかけたり、自らドローイングをして見せたりと、あらゆる機会と方法を駆使してコミュニケーションを図ったことが生きてきた。

パフォーマンスが再開されて最初のミーティングとなったが、この日のミーティングの雰囲気はずいぶんと明るいものだった。

以下がスタッフから報告された内容である。

「ホームは昨日より緊迫した雰囲気がなく、緩やかな雰囲気に包まれていた」

「パフォーマンスに関して、靴を履いて楽しかったという声が多かった」

「パフォーマンスによる好き嫌いがはっきりしている」

「疲れに関しては、昨日よりも少ないように感じられた」

この日の宿舎での折元さんとスタッフとの会話には元気があった。

「ビッグシューズをほとんどみんなが履きたがったのはほんとにラッキーだった。今晩は酒を飲んで寝られる」

　畳の間にごろんと寝ころんで、

「美術はいいね。きついけどね。それを撮るカメラマンはもっといいね」

と、笑わせた。

　そして、美大生と飲みながら、「あのオヤジはいい！」とやっと取れた泉谷さんとのコ

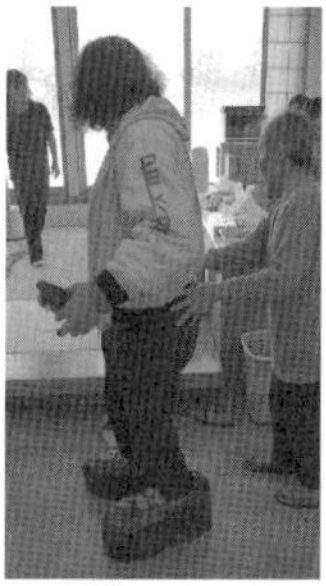

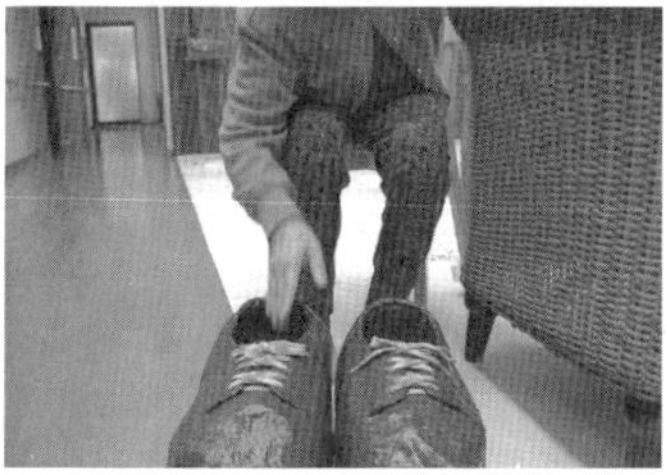

ミュニケーションを思い出して、嬉しくて仕方がなかった。

「今度は、あのいっちゃんとどうやって別れるかが問題だなあ」

「たぶん忘れてくれますよ」

美大生を相手に芸術談義も出た。

「日本の美術は何でもきれいにしようとする。ボケてててもいいんだよ。ここでの写真でもビデオでも、そのまま美術館に持っていけば全てアートになる。アンディ・ウォーホールだってね。マルセル・デュシャンは、便器を持ち込んでアートにしたじゃないか。ポップアートは、空き缶、新聞、歯みがきをアートにした」

「人間はいろんな刺激を得て元気になる。そういう薬をアートは与える。いっちゃんもビンビン元気になって、来週から寿司を握るかもしんないよ」

折元さんは、ときどき緊張感から吐き気を催して、実際に嘔吐する。今朝も吐いて、看護婦さんが心配していた。

「看護婦さんにとっては吐くことは病気のように見えただろう。でも、おれには身を削って厳しくしなけりゃ、アートはできない。人をハッピーにさせるのはハードなことだし、辛くて疲れるほどの仕事でないとアートの傑作はできない」

秋田・痴呆のお年寄りとのコミュニケーション

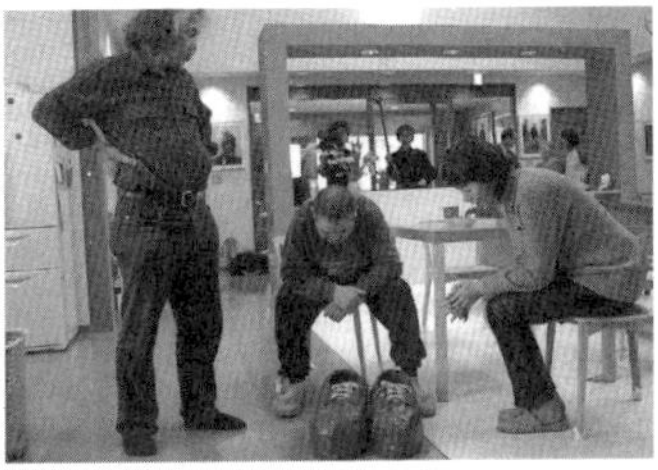

三日目。プロジェクトの最終日。

ケアスタッフからの報告は、入居者からは特に苦情なしということだった。気がついた点としては、以下のポイントが挙げられた。

「入居者に動揺が見られず、非常に落ち着いた雰囲気を感じる」

「積極的に行動を起こそうという入居者が増えてきたように感じられる」

この日、折元さんが施設に現れる前から、すでにお年寄りの人たちが集まって、みんなで楽しそうに語りあっていた。賑やかな笑い声が溢れる。どこにでもある光景のようだが、ここのお年寄りたちが今までに見せたことのなかった打ちとけあった姿があった。

泉谷さんも早くから湯飲み茶碗を片手に折元さんの到着を待ちわびていた。折元さんの姿を認めると、とたんに笑顔になった。もう二人は、親友のようになっているのが感じられた。

コミュニケーションの仕上げに折元さんが選んだのは、「パン人間」のパフォーマンスである。パンを準備しているとき、子どもたちなら面白がって寄ってきて、ぞろぞろつい

秋田・痴呆のお年寄りとのコミュニケーション

てくる。けれど大人は、「いけないものを見た」みたいに拒絶する、と折元さんは言っていた。

まず折元さん自身が、顔にパンをくくりつけた。これには面食らった人ももちろんいたが、お年寄りたちは笑ってその様子を見ている。なかには、笑いが止まらないほどの人もいて、今までには考えられなかった雰囲気がそこに生じていた。もう折元さんへの疑いの眼差しはだれにもないようだった。

パンをくくりつけて顔が見えなくなった折元さんは、見ているみんなに話しかけた。

「みなさんへのお礼として、ぼくの花柳流のパン人間を見せます。ぼくは世界中をこうしてパンをつけて歩いているんです。みなさんは食事をしながら見ていてください。

写真を撮って、それを部屋に飾ります。それがぼくのプレゼントです」

パンは見た目よりかなり重いらしい。パンをつけた顔のまま、折元さんは言った。

「いちばん最初にこれをやったとき、うちの母さんはとても変な顔をしたんだ。うちの息子はこんなことをやって！って。でもそれで世界中で有名になったときは喜んでくれた。だからぼくは、一生懸命パンをつけます」

ただ、お年寄りたちがとても気にしたのは、顔に縛りつけたパンの行方だった。お年寄りたちは、そのパンをどうするのかと、折元さんに尋ねた。

「ほしい人には、サインをしてあげます」

と、パンをくくりつけて縛られた顔のまま、折元さんがみんなに言う。パフォーマンスが終わった後、各人が大事そうにサインされたパンを自室に持ち帰った。

パフォーマンス最終日のミーティング。入居者の感想が報告された。

「（パン人間を見て）食べ物を粗末にしているように見えた。使用後に捨てないで鳥の餌にするのは良いことだと思うが」

「（顔にパンをつけるのを見て）最初は気持ち悪いと思った」

秋田・痴呆のお年寄りとのコミュニケーション

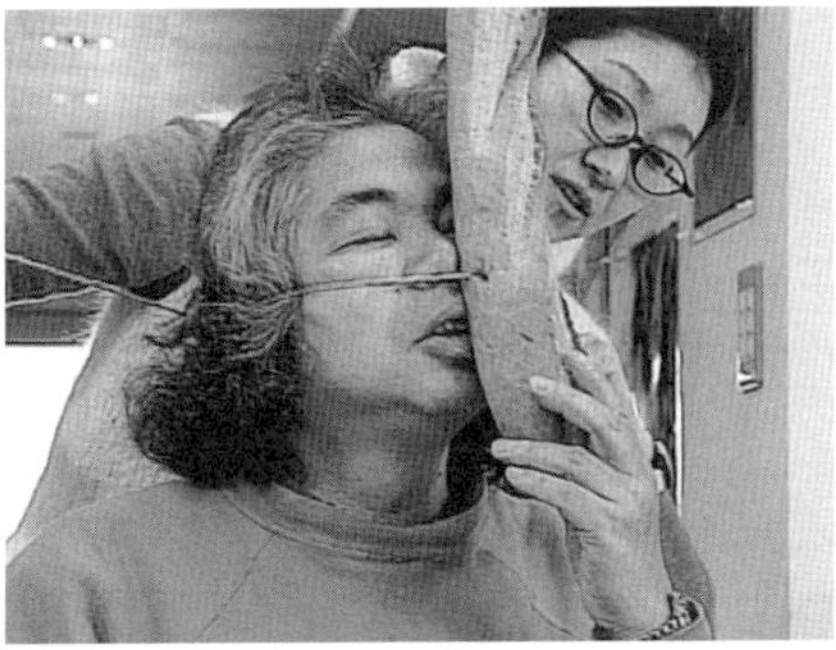

「にぎやかなところが良い。いろんな話ができたことが良かった」

「楽しかった」

「（グループホーム・サラに）来訪してきた人が健常者で、その中に入っていくのに初めは抵抗があったが、しだいになれてきた」

「たまに見るのは良いが、疲れた」

介護スタッフの意見には、以下のようなものがあった。

「入居者の顔が生き生きとしていた」

「（パフォーマンスが）一日中だと入居者に疲れが見られる」

「写真など、思い出になったり、全員が一緒に参加できて共通の話題が作れて良かった」

「自分たちも最初はパフォーマンスが理解できなかったので抵抗感があったが、やってみて素晴らしいものだと思った」


折元さんはパン人間のまま、みんなとの思い出になるようにと、一人ひとりと記念撮影をした。お年寄りにとっていつまでも記念に残るようにと、折元さんは考えた。

泉谷さんとのツーショットは、泉谷さんが折元さんのパン人間にちょっと戸惑い気味の

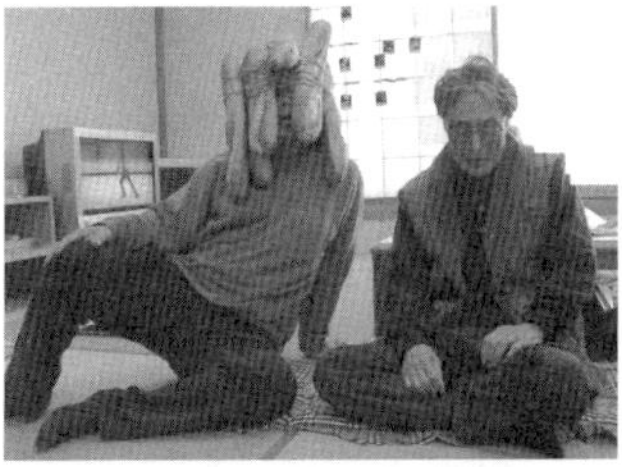

様子ではあった。それでもパフォーマンスが終わった後、泉谷さんは自分の写ったポラロイド写真を大事そうにいつまでも眺めていた。

最初はなかなか近寄ってくれなかったお年寄りたちだったが、別れのときはすっかり打ちとけた笑顔に囲まれた。別れを惜しむ泉谷さんとの会話が続いた。

「兄貴！　おれは帰らなくちゃあならねえ。向こうに女（男代さん）が待っているからよ」

「情けねえな」と、泉谷さんの応えにみんなはどっと笑った。泉谷さんは心なしか寂しそうである。

「一緒に行くか」

「行きたくなった……」

「ガンバって稼いでくるからよう」

と、折元さんは大衆活劇の台詞まわしのような抑揚をつけて応じ、周囲を笑わせた。

「兄貴のことは忘れねえよう。元気でいてくれよ。パチパチパチパチ」

と、大きな動作をつけた。

「では、グッバアーイ」

秋田・痴呆のお年寄りとのコミュニケーション

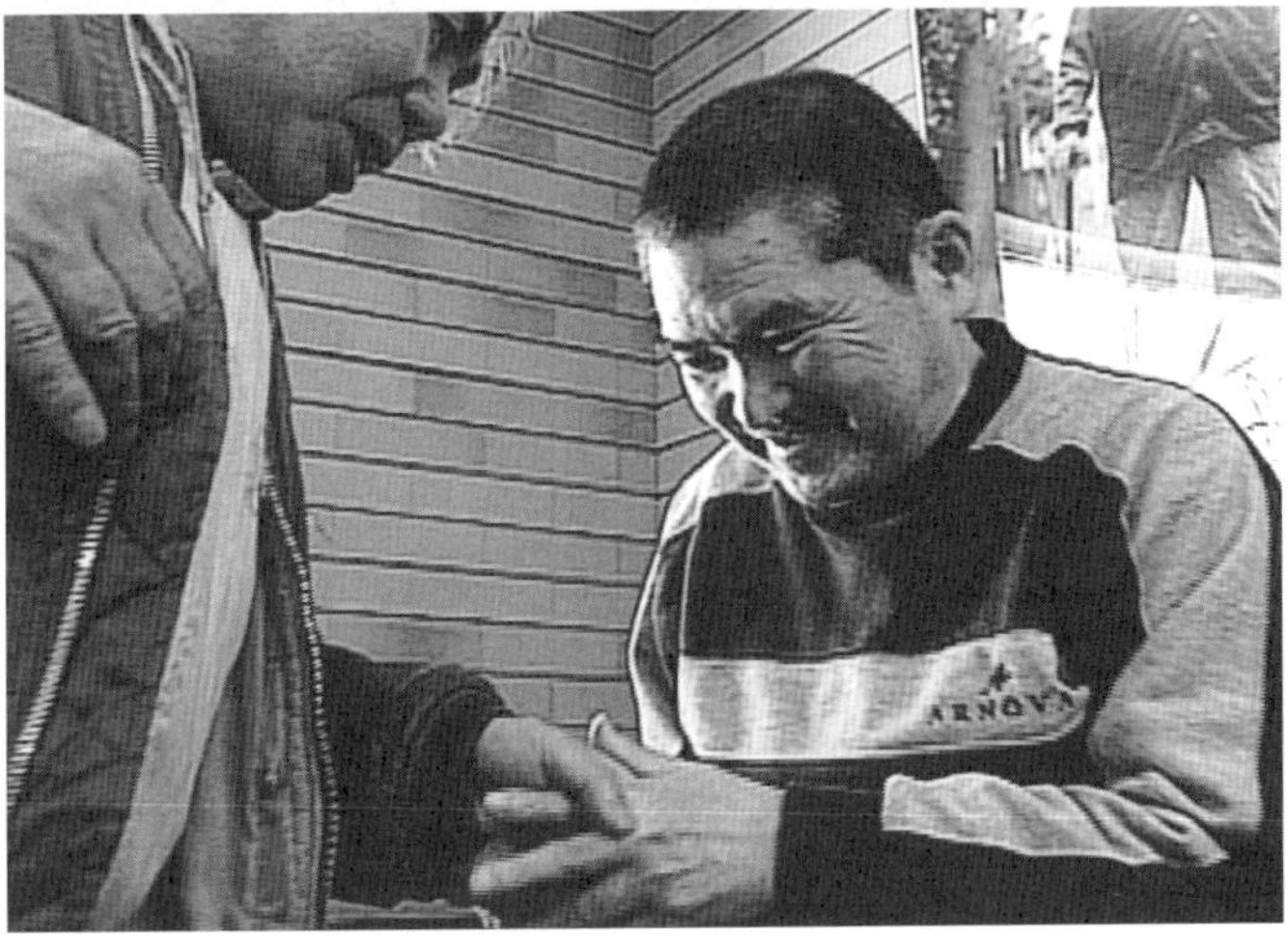

泉谷さんも、「しっかり稼いできてね」と親友のような言葉をかけた。

「お元気で、さようなら」

折元さんは、こうしてホームを去った。玄関先で折元さんの姿が見えなくなるまで泉谷さんは手を振り続けた。

外は雪だった。今まで母親との日常のなかで作品を作ってきた折元さんにとっても、秋田で過ごした三日間は、新たな発見の場となったに違いない。


スタッフたちの感想は、この三日間のパフォーマンスの成功を十分に確認できるものだった。

「最初は入居者のだれもが、大勢で何しに来た？　という拒絶反応だったけど、三日目は、今まで見たことのない笑顔で、ほんとにすごいと思った」

「Rさんなんて、あんなに大声で笑ったのは初めてだった。言葉まではっきりして、あれっ？　何？　と思ったほどの雰囲気の変わりようだった。これから私たちが関わっていくうえで、一つの自信になったと感じた」

「泉谷さんも変わった。ご飯を食べるときだけこちらへ来て、すぐ部屋に戻る人だったけど、みんなと一緒にじっと待っていて、ニッと笑うんです。ちょっとしたきっかけで、これほど変われるのかと思いました」

「耳の遠い人がいて、いつもは周りの人の話とも嚙み合わなくて、黙ったままテレビを見ているか窓の外を見ていることが多かったのに、今回は自分から自分の昔話をしていた」

「私たちもびっくりしたくらい、自分たち自身の心の中も変わったと思う。こうやれば、とか、こうやってみようかとか、そういう思いが生まれました。われわれも努力していきたい」

穂積理事長インタビュー

折元さんが見知らぬ高齢者との初めてのコラボレーションを試みた、この秋田でのパフォーマンスを企画し、施設として協力された穂積理事長（アートディレクター・加藤淳氏）の感想の要旨は、次のとおりである。

これからの介護については、介護する側・される側の壁、差別のようなものをなくしたい。介護は医療と違って、薬や特別な器械、技術を使わなくても、基本的には同じ人間どうしがやることだから、心と心、体と体で触れ合うことで成り立つものだ。同じ人間がやることなのでお互いが平等のはず。しかし、介護の世界には、してあげる側としてもらう側の間に依然として壁がある。その壁をできるだけなくすことが介護の理想の姿だと思う。

患者のＱＯＬには、アートが有効だと思う。まず、絵とか彫刻を見て、お互いに感想を述べあうだけで友だちになれる。心の交流が図れる。

アートそのもの、作品そのものを見て感動することで、励まされたり勇気づけられたりする効果は当然ある。

また、ただ見たり感じたりするだけでなく、自分で参加し、創作することが人間にとっては大きな喜びになる。

病気の人たちや高齢者の人たちは、どちらかと言うと、将来に希望を持てないような状況にある人たちだから、「また、明日作ろう。今度はこういうものを作ろう」と、創作することによって明日への希望を持たせてくれるだろう。

アートに参加することによって、そういう心の動きが出てくるのではないかと期待している。

ＩＴだとか何だとかいろんなものが進んできても、結局最後はヒューマンタッチなんだ。人間の心と心の交流、これがいちばん価値あるものとして残っていくと思う。どんなに環境が良くなっても、そこで一緒に生活する人たちの心と心が触れあえなければ、それは味気ないものになってしまうだろう。

お年寄りたちは、以前過ごしていた環境が良かっただけに、ここでは余計に孤独感が強くなり、空しさが残ると思う。

そのときに、ここでお互いを思いやる気持ちや愛情が芽生えてくれれば、たとえ施設が前よりみすぼらしい環境であっても、逆にここが理想郷になるだろう。

アルツハイマーの人たちは、特に記憶力の部分で低下が激しい。まずは、脳全体の活動を活発にしてあげることで症状の進行を止めるようにしたい。アルツハイマーの人でも、昔の記憶はけっこう残っているので、アートが何らかの形でそこを刺激することで脳の活動を活発にさせることを期待している。

私自身はもともと、絵画のコレクターだった。初めは、個人で鑑賞して楽しんでいた。それから、自分の病院に集めたアートを飾って患者さんに喜んでもらおうと考えた。それが第二段階。

第三段階として、患者と作家とのコラボレーションを考えた。ただ、このときは、特定の患者とアーティストということで、必ずしも一般の人がだれでもできるという形ではなかった。

そこで、ふつうのお年寄りや患者がだれでも参加できて、しかも感動できるものは何だろうかと探し求めていた。参加型のパフォーマンスアート。だれでも参加できるし、参加することで満足したり喜んだりできる。そういうパフォーマンスをやりたいと思うようになった。

折元さんの場合は、ご自身のお母さんがアルツハイマーを患っていて長年介護に従事してきた実績があった。「アートママ・シリーズ」は、その介護の状況をアートにしたものだ。パフォーマンスアーティストが、介護に無関係どころか、むしろまさに介護そのものに深く関わっている。おそらく世界で最も深く関わってきた実績あるアーティストだと思った。

これはちょうどいい。ぼくの考えているお年寄りへのパフォーマンスアートをやってくれるのは折元さんしかいないと直感したのだった。

ぼくが折元さんに具体的にこうやってほしいとは、創作の部分のことだからもちろん何も言わなかった。とにかくサラに来て何かパフォーマンスをやってくれというだけで、一切条件はつけなかった。どうやったらいいかは折元さんに考えてもらった。

最初はポラロイドカメラで写真を撮ってみようとか、昔の思い出のドローイングをやろうとか、折元さんの昔の作品を見せてその反応を見ようとか、いろいろ折元さんは考えてくれた。

それで、最後はビッグシューズでパフォーマンスをやってもらおうということになった。

ぼくとしては、みんなが参加してくれて、みんなで楽しんでくれさえすればいいと思っていた。だから、特別なリクエストはなかった。

アルツハイマーの人は何でもすぐ忘れてしまうというわけではなくて、印象の度合いによって違う。やっぱり印象の強いことは心にずっと残るだろうし、すぐに思い出すだろう。

折元さんのパフォーマンスが本当に素晴らしく、入居者に受け容れられるものだとすれば、それはきっと長く記憶に残るだろう。もし、その場だけの線香花火のようにすぐに散ってしまって心に残らないようだったら、やはり忘れ去られてしまう。ぼくは結果が果たしてどうなるだろうかと見ていた。

もし次に折元さんがホームに来たときに、みんなが「あのときは楽しかった」となれば、それは素晴らしいパフォーマンスだったことになる。逆に、「あの人、だれ?」という反応の場合は、残念ながら今回やったことがあまり脳や心に届かなかったことになるだろう。

そしたら、結果はやっぱり期待したとおり、その後も折元さんのことをみんなが覚えていたことがわかったし、折元さんが二度目に施設を訪れたときは、みんなで歓迎していた。

そういう入居者の反応を見て、やはり一流のパフォーマンスアーティストは違うな、とぼくは折元さんの実力を見せつけられた思いがした。

人間は本能として、いやな思い出は忘れて、楽しい思い出は残したいものだと思う。人間は亡くなるときは、たいてい楽しかったことを次から次へと思い出すものだ。

その中に折元さんとのパフォーマンスが残ってくれれば、こんなに嬉しいことはないと思っている。入居者のみなさんが、一枚の絵を見て感動するのと同じように、アートの一つの可能性として、折元さんとのパフォーマンスの思い出を共有したことを喜んでもらえれば嬉しい。ただ見てもらうのではなく、参加することで本人に楽しく美しい思い出として残ること。それは、いい絵と同じくらい価値のあるアートだ。

それがパフォーマンスアート。名画は形として残るが、パフォーマンスは見た人の心に残る。そういうこと自体を、アートの一つの作品として捉えることができると思う。

介護スタッフの反応は、パフォーマンスの前と後ではぜんぜん違ったね。

この施設がまだできたばかりだということもあって、介護するヘルパーさんも、ぼくたちも手探りの状況だった。どういうふうにして入居者に対応すべきか、どういうお世話をどの程度すればいいのかということが全くわからない状況で、まだ自分の仕事に自信を持てないでいた。

そんなときに、わけのわからないパフォーマンスをやることになって、みんなにとっては「なんだ！」という気持ちで、最初は非常に尻込みしていた。今自分たちは目の前にいる入居者たちのお世話で忙しいのに、さらにわけのわからないパフォーマンスをやるということに戸惑いがあったのだろう。その中には、パフォーマンスを計画した私への反感や、面倒くさいという気持ちとか、いろいろあったに違いない。

だから、最初は必ずしも積極的にやろうというムードではなかった。自分たちの仕事でアップアップの状況で、新しいプロジェクトを投げつけられたんだもの。

それが、終わってみると、いや、やっている最中から、「なぜやるのか、どういう意味があるのか、どんな効果があるのか」が、スタッフ自身に見え始めて、そしてわかってきたように思えた。

最初は部屋に逃げ込んでいた入居者が、だんだん集まり始めた。それまで他人行儀だった人たちが、それを機にだんだん打ちとけあっていくのがわかった。お互いに評価をし始めた。つまり、交流が始まった。

すると、入居者たちの顔がだんだん明るくなって、今まで話さなかった人が話すようになって、人間らしい表情が戻ってきたんだ。

そういうのを実際に見ると、スタッフの人たちも嬉しくなってくるよね。そして最終日に、みんなが、「大変良かった」「本当に思い出に残った」という言葉を言ってくれた。

「自分たちもお手伝いできて、やって良かった。自分たちが直面していた入居者との心の壁を、折元さんがパフォーマンスアートで壊してくれた」

それはつまり、「介護する側、される側」という意識を取り除いて、同じ人間として熱い心を持っているということを再認識させてくれたということ。みんながごく自然にふれあうことができるようになったんだ。

スタッフのそういう言葉が聞けたことは、ぼくもとても嬉しかった。折元さんのパフォーマンスにとても感謝している。

折元さんのパフォーマンスでこの施設が変わったことの一つは、みんなに変な構えがなくなったことだ。心が広くなった感じ。視野が広がってものの見方が柔軟になったというか、いろんなことにおどおどしなくなって、その都度ちゃんと対応すればいいと、自信がついてきた感じがする。

参加したみんなが戦友みたいな感じかな。例えば、スポーツのチームメイト。同じ競技で一緒に苦労して、一緒に球を追って汗を流した、そういう感じがする。一緒にパフォーマンスをしたという共有感、あるいは仲間意識みたいなものは確実に芽生えて、確固たるものになった。

それにしても、みんな自分の部屋から出るようになったね。

人間というものは、自分の育ってきた環境や受けてきた教育とか、いろいろな人生経験の中で、みんな違ったものを持っている。特に、年齢を重ねてきたお年寄りというのはその人の歴史を持っている。

人の温かい心だとかやさしい気持ち、美しいものを美しいと感じ、楽しいものを楽しいと言える。そう感じる心をだれもが根本に持っていると思う。ただそれが、見栄だとか遠慮だとかいろんな要素で、特に集団生活では自然に出せないでいるんだ。

自分の殻に閉じこもってしまっている状況を、折元さんは撃破してくれたんだと思う。つまり、みんな同じ人間だ、何も構えることはない。ふつうに接すればいいんだ。ふつうに話して、この人もあの人も同じ人間だということを改めてわからせてくれた。

スタッフにとっても同じだったと思う。お年寄りたちを特別扱いする必要はない。むしろ変な壁を取り払って、ありのままで人間として接することが最高の介護なんだということをわからせてくれた。そこに折元さんのパフォーマンスの本来の価値があるんだと思う。

今は、ＩＴなどの普及で一般的にはコミュニケーションが生ではなくなってきている。生のコミュニケーションを取るのが苦手な人が若い人に多いと言われている。ふつうに挨拶もできないのは論外だとしても、会話がうまく噛み合わない人がいっぱいいる。そこには変な殻がある。その殻をぶち破りたい。

知らない人間同士がすぐに友だちになれたり、親しく話ができるような時代だったら、パフォーマンスアートはいらなかったと思う。今のように、なかなか本音がわかりあえない人間関係を続けていかなくてはならない状況では、どこかで壁を壊しあわなくてはいけない。そこに、パフォーマンスの価値がある。

サラリーマンなら、酒を飲んで腹を割って話すこともできるかもしれないが、高齢者同士ではそういうことも難しい。だからといって何もしないと、ますますどんどんみんなそれぞれの殻に閉じこもっていって、ますます寂しくなる。それで「寂しい、寂しい」とこぼすだけの老後になってしまうんだ。

ぼくもいろんな施設を見てきたが、この施設を運営するときに、その殻を壊してあげることが、一つの大きな仕事であると思ってきた。

運営者自身がそう思っていないと、ヘルパーは自分の仕事でいっぱいで、なかなか心まで踏み込んでいけないし、介護されるほうも介護される役割を演じたままになる。例えば、「変なことを言うと嫌われる」とか、「おしめを交換してと言ったら、面倒くさがられるだろうな」とか、我慢をして、良い子を演じてしまう。

やっぱり、外に発散し、外に伝えるから輝くのであってね、殻にこもっていては沈むだけで輝けない。今度のパフォーマンスではお年寄りたちが輝いたように思う。

ふつう、私たちは、お年寄りがあのビッグシューズを見ても、面白いとは思わないだろうと考えてしまう。子どもなら、「何？　この大きな靴！　面白い！」って言うかもしれないけど。施設のお年寄りたちは、ビッグシューズに対して、「つまらない」「くだらない」「年寄りをばかにして」とか、そういう反応をするのかと思っていたが、意外だった。すぐに子どもにかえったみたいに、ぼくたち以上の好奇心を示したね。

だからやっぱり、心の中の感情のもとはちゃんとあったんだ。ビッグシューズを見てあんなに喜ぶというのは実際に驚きだった。

ぼくらは、「ポーズを取れ」と言われても、恥ずかしくてなかなかできない。それはぼくらの今までのしつけや教育によって、「そんなことできるか」という見栄とか、そういうものが邪魔しているからなんだ。けれどぼくらにだって、やってみたい気持ちはある。子どもみたいにね。あれを履いて歩いてみたいとか。

だから、そんな気持ちはお年寄りになっても失われていないんだよね。思いや感情はずっと脈々とあるということだね。若い人と同じなんだよ。

五　川崎、秋田、そしてロンドン

二〇〇二年六月八日から九月一日まで、地元川崎の川崎市民ミュージアムで、折元さんの大きな個展が開かれた。（「折元立身　グラフィック・アート＋オブジェ」）その個展で、「アートママ」シリーズや、他の折元さんの代表作がずらりと展示されたが、この秋田でのアートプロジェクトの写真とビデオによる作品もあった。

その会場に、折元さんは男代さんを誘いだして連れてきた。ここで男代さんにいちばん見せたい作品は、秋田のホームでのアートプロジェクトの記録である。

壁面に、大きなパネルが何枚も並べられ、それぞれのパネルにはたくさんの小さな写真が貼られて展示されている。その前へ折元さんは男代さんの手を取って連れてきた。

「これね、秋田。秋田の病院へ行ったたって言ったでしょ」

「うん」と男代さんはうなずく。

「そこの人と一緒にやった作品だよ」

「ああ、そう」

「大きい靴、履いてるでしょ」

靴を履いた泉谷さんと一緒に歩く折元さんが写った写真である。

「これは泉谷さんだよ」

男代さんも「イズミヤさん」と復唱する。

泉谷さんが緑の大きな靴を履いたままソファに座り、その側に立った折元さんと手をつなぎバンザイしている。

「この人と仲良くなったの」

そこには生き生きとした表情を取り戻した泉谷さんだけでなく、ホームのいろんなお年寄りたちの和やかな雰囲気に包まれた写真もあった。

「この人は、踊りのお師匠さん」

「こっちの人はアルツハイマーで呆けちゃった。病気が重いから、パン人間で顔にパンをくっつけてもぜんぜんショックにならなかったよ。パンをつけてもふつうだった」

「あっそう」と、男代さん。

折元さんが、この展覧会で秋田の作品を男代さんに見せたかったのは、男代さんと二人で始めたアートが、他のお年寄りたちにも受け入れられたことを男代さんに知ってもらいたいと願ったからだった。

オープニングパーティーの折元さんの挨拶のとき、男代さんも折元さんの横に立った。

「サンキュウ、サンキュウ」

と、男代さんは手を振った。

「あんたが主役じゃないんだよ。オレが主役！」

折元さんも、男代さんがみんなにウケるのが嬉しそうだった。

ところが、このオープニングにも姿を見せていた秋田の病院長から、意外な知らせを聞いた。泉谷さんの症状が悪くなって、別の施設に移されたとのことだった。

元の塞ぎ込んだ姿に戻ってしまったのではないか。

心配になって、いても立ってもいられなくなった折元さんは、一週間後に、自分のアートで再び泉谷さんを元気づけようと思って、秋田に駆けつけたのだった。

泉谷さんの面会時間の前に、グループホーム・サラへ寄って、以前のパフォーマンスで楽しんだお年寄りたちと再会した。折元さんはとても温かく迎えられた。昼過ぎ、洗濯物をみんなでたたんで仕分けしているお年寄りたちの姿は、折元さんが初めてホームを訪れたときとは打って変わった和やかな雰囲気だった。

二人だった男性の一人は、この短い期間に亡くなっていた。泉谷さんは別の施設に移転している。

「男は早く死ぬよ。地球にはばあさんばかり」

集まってくれたおばあさんたちの笑いを折元さんは誘う。

「かぜ一つひかないわ」

「ちょっと頭がおかしいだけ」との折元さんの突っ込みに、おばあさんも「それは言える」と明るく応える。

「頭がおかしいのはちょっとだけ！　あとは何もかもみんないい。美人だし、色気もあるし……」

「新しい人も入ったし、みんな一緒に冥土へ行くよ。私たち、ここにお世話になるしかないのよ。家に帰ってもだれもいないし」

「そうだよな。おれだってだれもいないよ」と、折元さん。

「ウソくさいなあ。本当？」

「ウチにはばあさんがいるだけ。ここに来てもばあさん、ウチに帰ってもばあさん」

そういって、折元さんは男代さんの写真を見せた。

「あんたに似てるじゃない」

「そう、そっくりだよ。おれが生んだんだもの」

「よく言うよ。男が子どもを生むはずない」

「おれが生んだの。こんなちっちゃい人からこんな大きなおれが生まれるかよ」

「面白いね。こんなこと言って笑うしかないわね」

三人のおばあさんは、みんな明るい色のパジャマ姿だった。

「今度三人でレコードデビュー。舞台衣装はパジャマ」と、折元さん。

折元さんはそれから泉谷さんの施設に向かった。

施設を訪れた折元さんの表情には、不安な気持ちが表れていた。

待合室で待っていると泉谷さんが現れた。折元さんは椅子から立ち上がって出迎え、

「いっちゃん、おーい、泉谷さん」

と、駆け寄って泉谷さんの手を取って激しく振った。泉谷さんは口元を嬉しそうに少し開いて笑っている。

「元気だったのかよう。どこ行ってたんだよ！」

折元さんは待ちわびていたせいか、矢継ぎ早に言葉を浴びせた。泉谷さんは黙ったまま、右のポケットから大事そうに一枚の写真を取り出した。サラで折元さんと一緒に撮ったパン人間のポラロイド写真である。折元さんとの思い出は泉谷さんの記憶の中でちゃんと、生きていた。

「どこに行ったのかと思ったよ。心配してたよ。今度はここにずっといるの？」

ソファに座った泉谷さんの顔をのぞき込んだ折元さんは、泉谷さんの顔に手をやって、

「ひげぐらい剃れよう」と言いながら、顔をさすった。

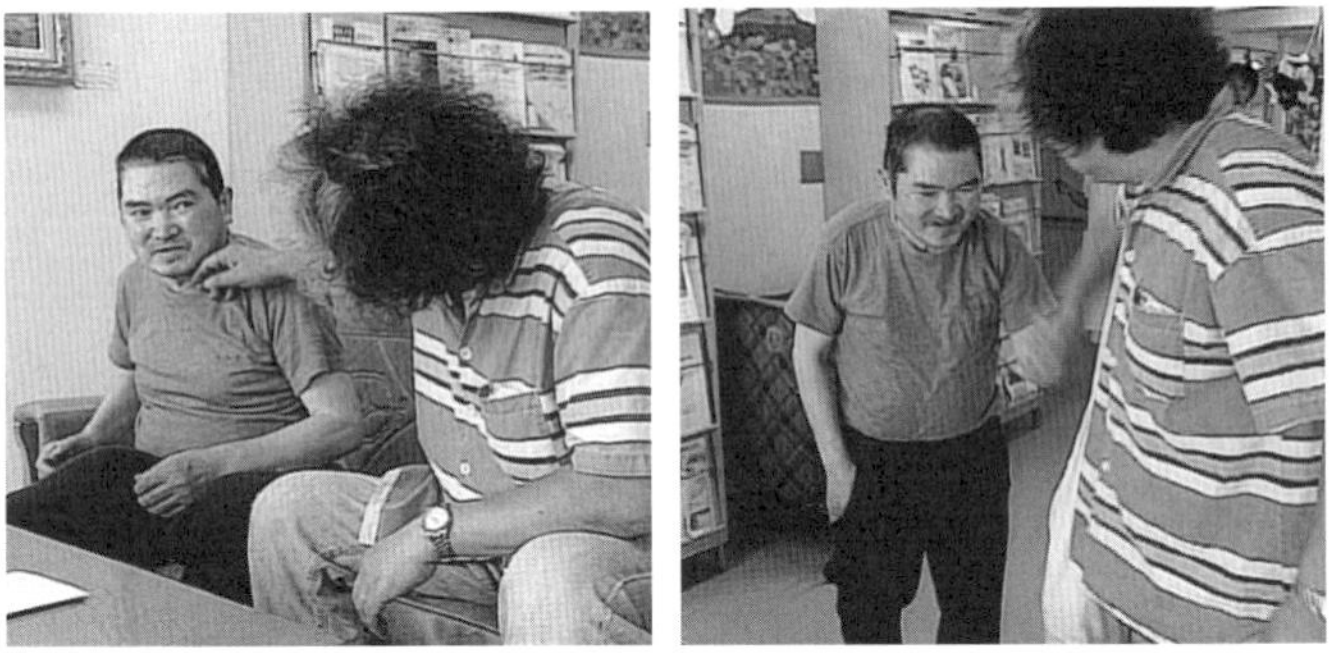

「ひげぐらい剃れよう」

泉谷さんも自分の無精ひげに手をやった。

「いっぱい伸びちゃったんだ」

手にしていたパン人間の写真を再び大事そうに見つめている泉谷さんに、折元さんは一つの提案を用意していた。ここを訪れる前に考えてきたことである。

折元さんはアルバムを持ってきていて、それを見せながら、

「こういう靴を作った。ビッグシューズ。これをこれからいっちゃんとおれと二人で仕上げて、秋田のどっかで展覧会をやる」

「展覧会か」

と、泉谷さんは呟いた後、じっと黙っている。

「二人でな！」

「それはそれは」

「それを飾ろう。な、二人の展覧会。おれといっちゃん

は友だちだから。なあ、やろうよ」

こうして「大きな靴」というテーマの二人の展覧会の準備が始まった。じつは泉谷さんとのビッグシューズ作りは、折元さんの川崎での準備があった。一緒に作業をして作った靴でパフォーマンスをするのだが、その靴作りには時間を要する。

自宅の庭にシートを広げ、ダンボールで靴の形作りをし、できあがった型に布を張り、強度を増す。それからペンキを何重にも塗る。梅雨でペンキが乾かず、作業は何日もかかった。そしてその最後の仕上げのペンキ塗りを泉谷さんと一緒にやろうと折元さんは考えたのだった。

折元さんと一緒に、ダンボールの大きな靴に、折元さんは緑、泉谷さんは赤色の塗料を刷毛で塗る作業が始まった。

泉谷さんは、黙々とビッグシューズの制作作業に没頭していた。眼を大きく力強く見開いている。楽しいかどうか表情からはわからないが、泉谷さんの職人時代をふと想像させるほどの一途な姿があった。折元さんも舌を巻くほどの集中力だった。

折元さんも真剣に指示を出している。

「いっちゃん、うまいよ」

久しぶりのモノ作りに寿司職人だったころの感覚がよみがえったのか、泉谷さんの表情はひきしまっている。

できあがった大きな赤い靴を泉谷さんは履いて、折元さんと一緒に施設の玄関に立った。ここから外に出て歩いてみようというのだ。

「これから泉谷さんと折元のビッグシューズのテイカ・ウォーク・ウィズ泉谷さんとの散歩のパフォーマンスを行います。レッツスタート！」

隣で手を取る折元さんも、緑の大きな靴を履いている。

「ゆっくり、ゆっくり」

と、声をかけて、二人で歩き出した。まずは施設の中を歩いてみた。ペンキが乾ききっていないせいか、靴は重そうだった。

「この靴はちょっと歩きにくいな」

歩きながらも折元さんは話しかける。

初めは施設の中を歩いたが、泉谷さんの表情が一変して笑顔になったのを見て、次は外へ出て施設の周りを散歩することになった。泉谷さんがこの施設の外に出たのは、ここに入所して以来初めてのことだった。

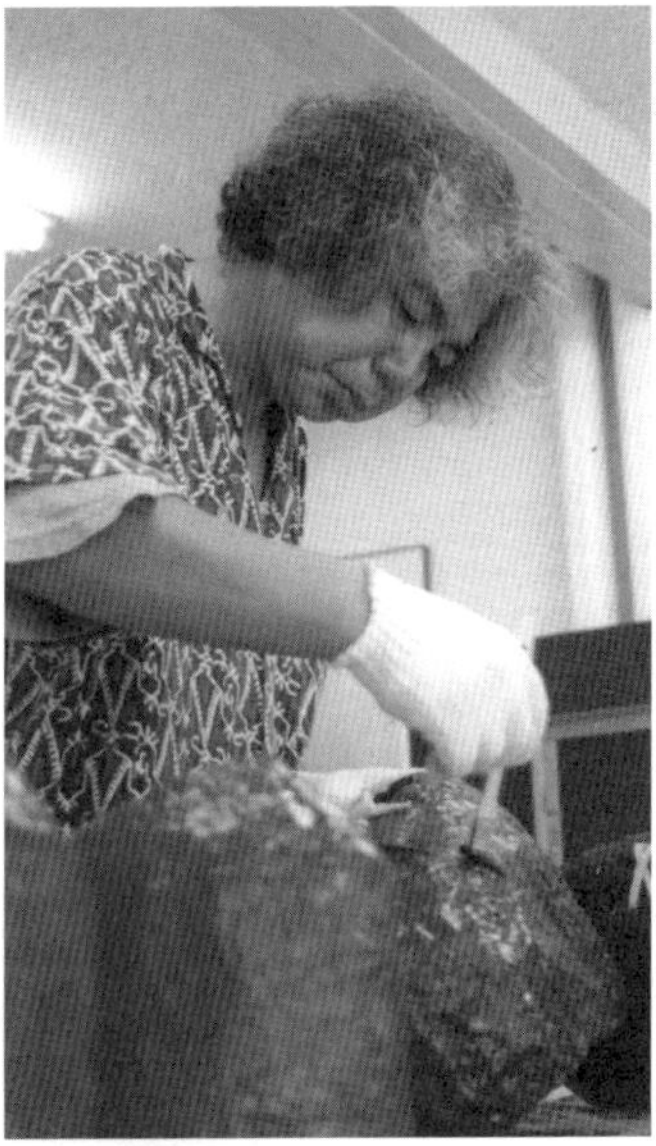

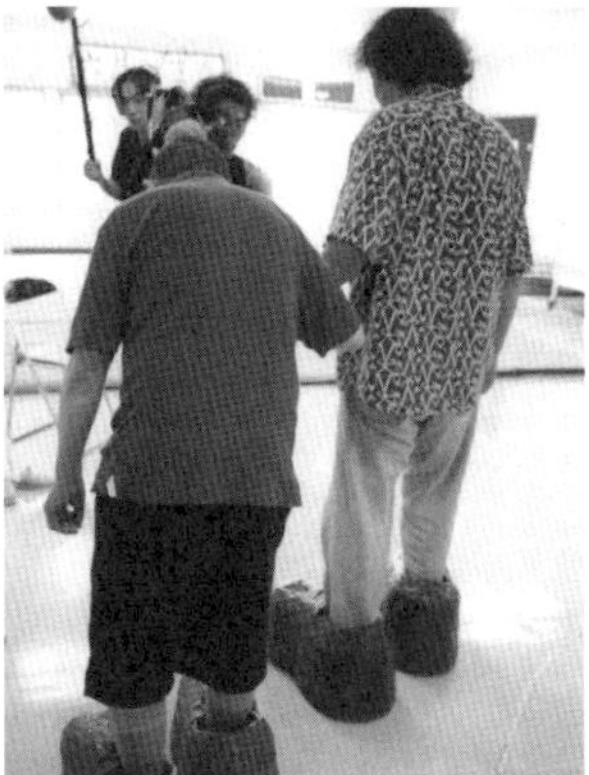
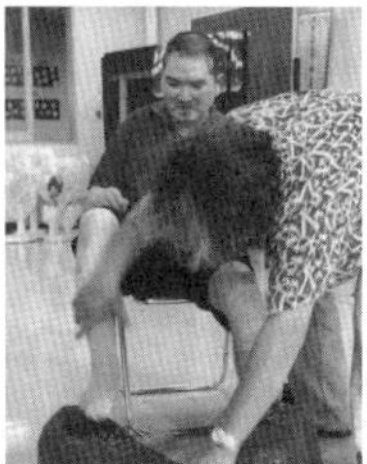

「なあ、おれが腕を持っているから、安心しろ」

泉谷さんは自分の足元を見つめ、しっかりと折元さんの手を握りしめて、一歩一歩踏み出していく。

「さあ、二人でここから脱走だ」

「いっちゃん、寿司食いてえなあ」

と、折元さんが泉谷さんの顔をのぞき込むと、泉谷さんは黙って嬉しそうに笑っている。どうやら、大きな靴に込めた折元さんの願いは泉谷さんに伝わったようだ。

久しぶりの外出で外の空気を吸った泉谷さんは気持ちよさそうだ。二〇メートルほど歩いた道端で一休み。

しばらくすると、サラのお年寄りたちが二人のところへやって来た。「元気にしていた?」と聞かれて、泉谷さんは照れ笑いを浮かべ、握手しあった。それから四人で並んで歩き始めた。サラのお年寄りたちは、泉谷さんのはみ出したシャツをズボンの中に入れてあげたり、靴の履き具合を調えたり、泉谷さんを気遣い、励ました。

梅雨の晴れ間の抜けるような青空だったこの日の天候と同様に、記念撮影をしたお年寄りたちの笑顔は晴れ晴れとしたものだった。

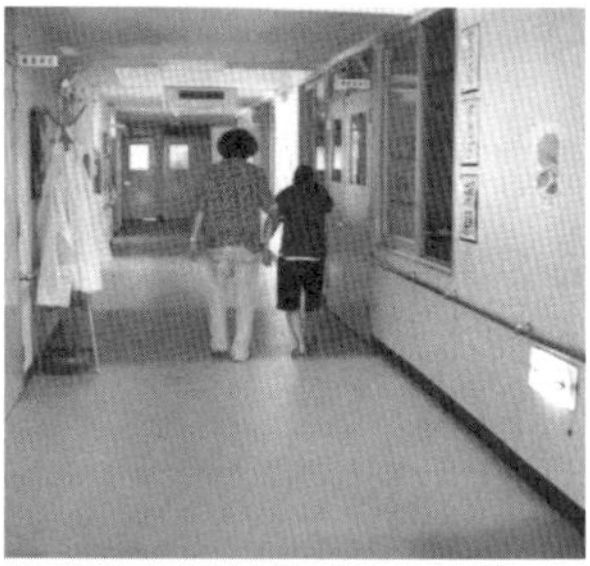

53·97

川崎、秋田、そしてロンドン

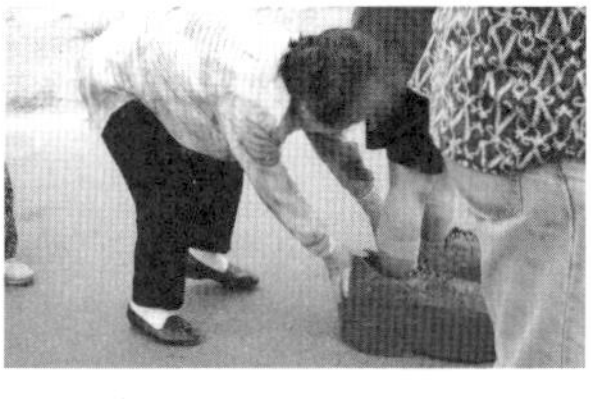

「すごいよ、この大きな靴は幸せを呼ぶ靴。おれが履けば、おれももっと幸せになれるのかな」

七月三日、二人の展覧会は泉谷さんのいる施設のホールで開かれることになった。前日に展示作業も二人で一緒にやった。写真二〇〇枚の中から、一〇〇枚を模造紙に貼った。三枚は四つ切りに伸ばしてポスターにし、「折元立身・泉谷昭男二人展」と題した。

こうして当日、靴作りからパフォーマンスまでの二人の写真が、ホールの壁面にびっしりと並んだ。泉谷さんは展示された写真に近寄っていって、じっと見つめている。顔はとても元気そうで、ニコニコしている。

折元さんは、泉谷さんと二人並んで撮った写真を見せた。すると、心を閉ざしがちで無口だった泉谷さんが、この日は自分から折元さんに話し始めたのだ。

「背丈も小さいから、ちょうどいいや」と、泉谷さんはビッグシューズを示した。

「どの写真がいちばん気に入りましたか？」と、周りからの質問に、

「大きいのでは、あれ」と、迷わずに答えた。

泉谷さんが指さしたのは、折元さんと二人そろって靴に塗料を塗っている作業風景の写

真である。

「なぜ、あれが?」

「職人だから」

「そう、あれが気に入ったか。職人か。うまいこと言うね」

展覧会には、この施設に暮らすお年寄りやデイサービスに来た人たちがつぎつぎに訪れた。

看護婦さんも、お年寄りたちと一緒に写真を見ながら、

「生き生きしていていいねえ」

と、話しあっている。

泉谷さんも積極的で、見ている人に自分のお気に入りの写真を見てくれるように勧めている。

前にいた施設の仲間や介護スタッフのメンバーも大勢やって来てくれた。久々の再会で、泉谷さんの周りには懐かしい顔が集まった。わざわざ足を運んでくれたことに感謝する泉谷さんは、一人ひとりと握手をして回った。

その姿に泉谷さんの仲間たちは胸を撫でおろし、互いに元気でいることを確かめあった。

仲間のお年寄りたちもとても元気そうで、笑顔も輝いている。

みんなから拍手がわき起こって、折元さんは泉谷さんの腕を持ち上げて、踊って喜びを表した。

この様子を見たサラの理事長は、次のように感想を述べた。

「感動したことがあった。施設を移った泉谷さんを訪ねたおばあちゃんが、迎えに来た泉谷さんを見て泣いていたでしょ。ああいうの、感動しちゃう。

ふつうの施設の生活だけで、久しぶりに会ったからってあんなふうに泣くぐらいに仲間意識が高まるかどうか。泉谷さんも涙を流していた。それもジンときた。

お年寄りが一回離ればなれになったら二度と会えないとか、そういう切実さが、感情の高まりとなって表れてきたんだと思う。二度と会えないと思ったけど、会えてよかったという本音。あなたも生きてた。私も生きてた。だから会えた。その喜びの気持ちの表れだと思った」

二度目の秋田訪問について、折元さんはインタビューで次のように語っていた。

みんなは、期待した以上に明るく生き生きしていた。外に出て、再びビッグシューズを履いたらよけいにそうなった。前回あまり興味を示さなかった人も、車椅子のままビッグシューズを履いて、すごくいい笑顔になった。

近ごろ、寂しくなったり、やっていることがきつく感じることもあるんだけど、ここへ来てみんなと会うと、「頑張らなければ」と元気が出るんだ。

あの人たちがあんなに生き生きしてくれるなら、ビッグシューズを「幸福の靴」と名づけたいくらいだ。

「今日もまたやるのか」と最初はぼくも疲れていたけど、ばあさんたちがビッグシューズで生き生きしてくると、ぼくも頑張ろうと思う。こっちが薬をもらったみたいだ。

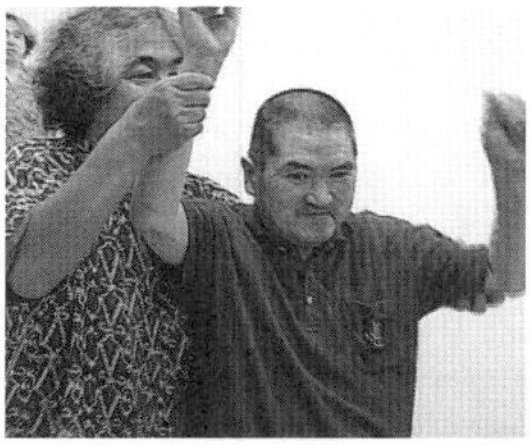

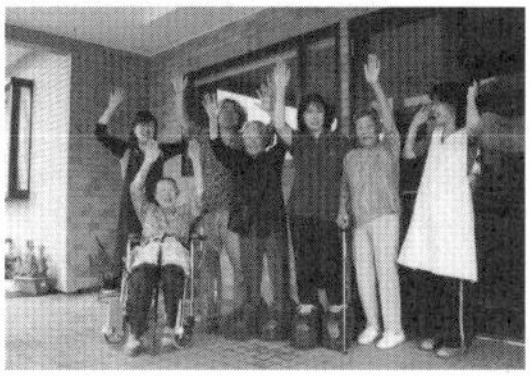

何度も言うけど、この靴がコミュニケーションのすごくいいきっかけになっているんだ。単なる赤とかグリーンのダンボールの靴が、なぜこんなにウケるのか。いろんな人に履かせたい。この靴はダンボール製だから、そのうちボロボロになる。けれど、お袋のあったかい気持ちの入った「幸福の靴」だ。

いろんな人にビッグシューズを履かせたい。それが実現していく。今度は海外だった。折元さんが男代さん以外のアルツハイマーのお年寄りと、アートでのコミュニケーションを試みたのは秋田の施設が初めてであったが、そのパフォーマンスの記録を展示した川崎市民ミュージアムの展覧会の反響もあって、海外での従来からのパフォーマンスアートに加えて、「医療とアート」の活動の域も広がった。

二〇〇二年秋、イギリス最大級の病院、チェルシー・アンド・ウエストミンスター病院を折元さんは訪問することになった。秋田の施設でも「一番人気」だったビッグシューズをイギリスまで持って行った。

この病院は、ロンドンの中心街にある。日本の病院との違いを一言で言えば〝病院っぽくない〟ことだ。病院の施設自体がまさにパブリックスペースで、病人や見舞客だけでな

ロンドンの病院での
パフォーマンスの様子

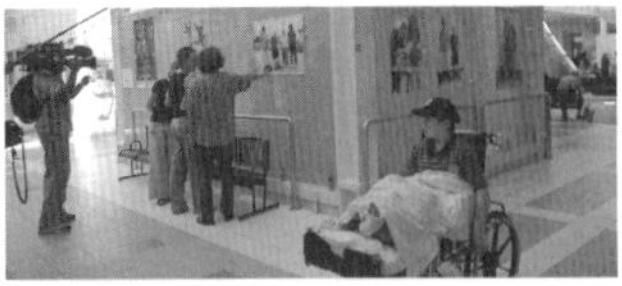

TATSUMI

TATSUMI ORIMOTO

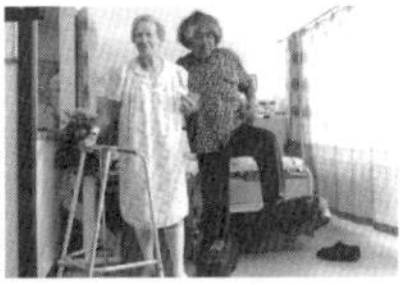
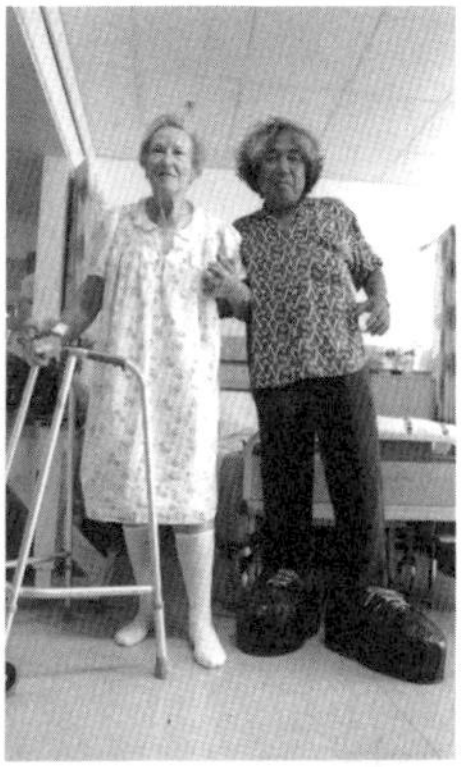
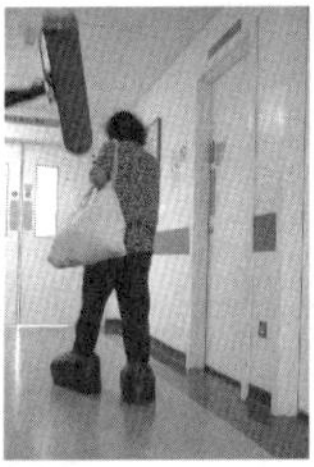

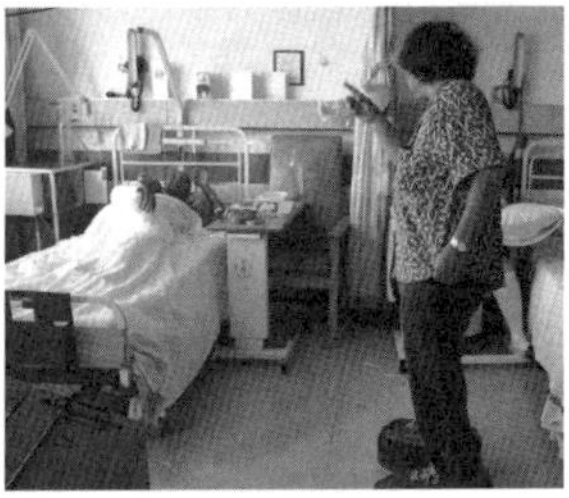

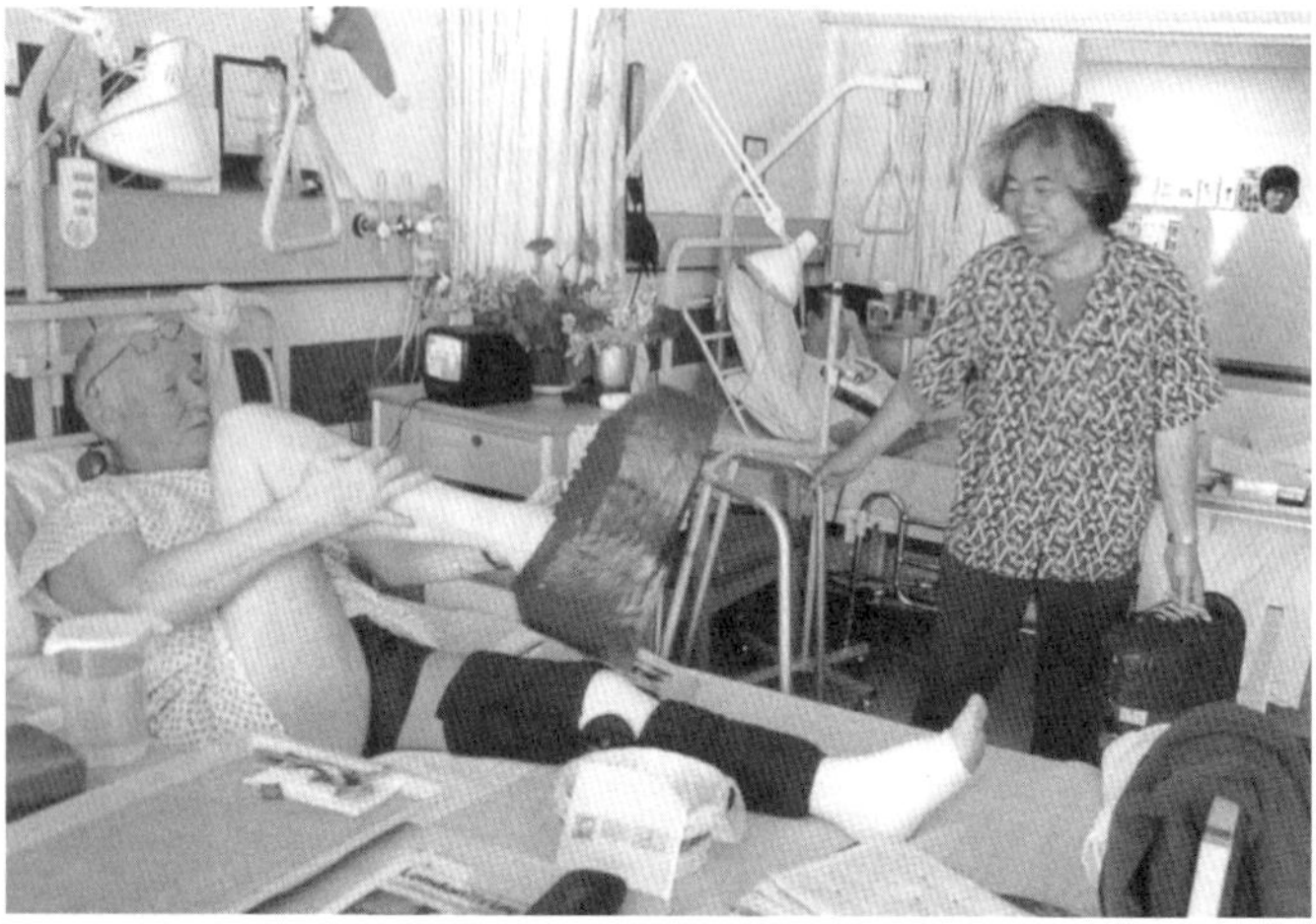

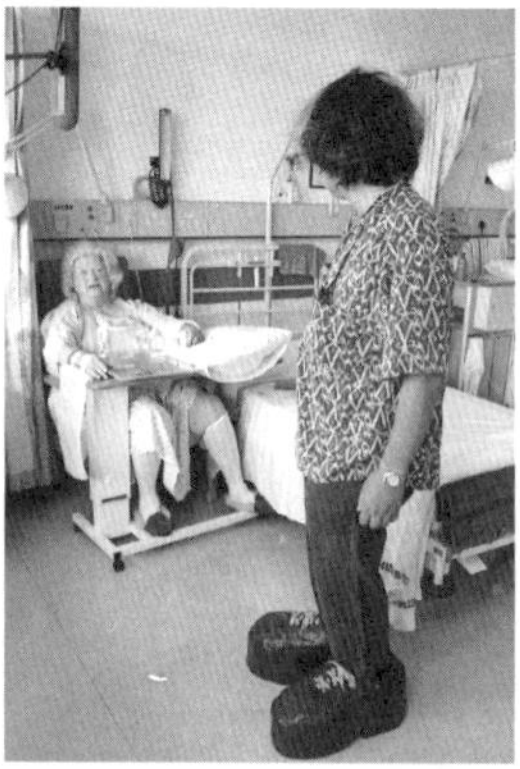

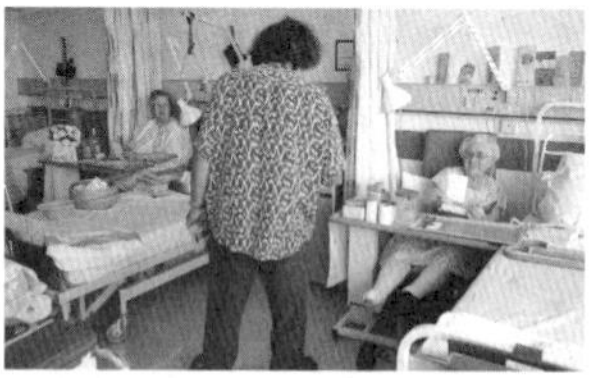

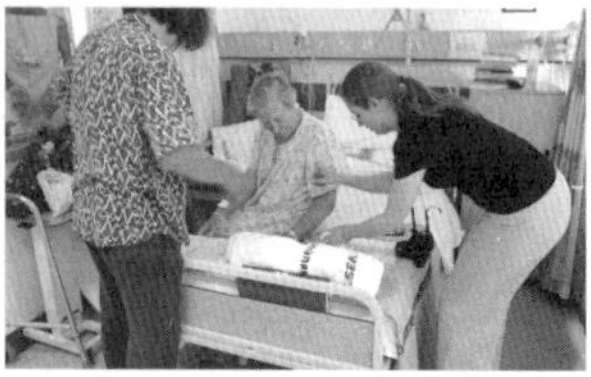

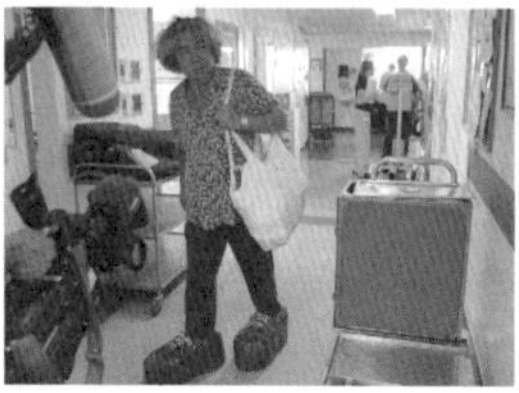

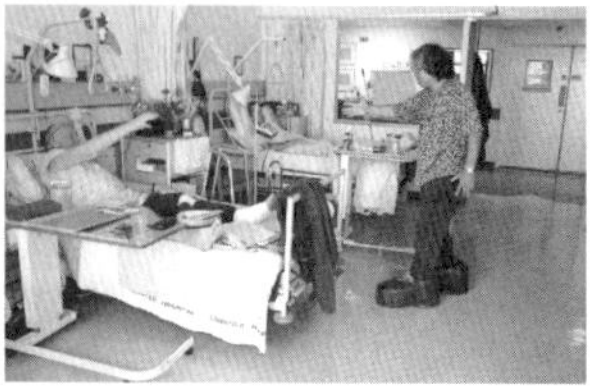

く、ふつうの通行人もそのスペースを利用している。広場は、まるで大きなショッピングセンターのエントランスのようだ。

建物の中には、透明のプラスチックドームに覆われた吹き抜けの広いスペースがあり、そこは日光がふんだんに採り入れられた設計になっている。

もともとこの病院は、「ヘルスケアにおけるアート」を重視してきた。建造物のデザインもその考えに基づいた環境が整備されているし、アート作品やアートプログラムを積極的に取り入れている。例えば、病院内でミュージックフェスティバルを催し、地元住民に無料開放している。

この病院のアートディレクターは、スーザン・ロパート女史である。彼女は一九九三年以来、この病院で視覚芸術（絵画、彫刻）、パフォーミング芸術（音楽、演劇）のプロジェクトを担当し、その活動によって、二〇〇〇年、「思慮深く創造的な英国人賞」を受賞している。

それでもこの病院を折元さんのようなベネチア・ビエンナーレの招待作家クラスの有名人が訪れたのは初めてだそうで、ロパートさんの協力は惜しみなかった。

パブリックスペースでの折元さんのパフォーマンスは全て許可され、折元さんはビッグシューズを履いて、患者や見舞客、通行する人々とのコミュニケーションを試みた。

しかし、ここでも秋田の施設での場合と同じように、未体験のパフォーマンスに対する抵抗感があった。初めは、それぞれの病室を訪れることを許可してくれていたのに、いざ実行しようとするときになって、入院者自身からも家族からも、「やっぱりいや」という声が出た。

折元さんによると、アートを飾るだけだったら、どんな作品であっても、それをみんなが鑑賞するだけでいいのだけど、参加型パフォーマンスの場合は、患者さんが直接関わるため、必ずその後ろにいる家族が関係してくるので、面倒なことが起こってくるという。テレビでも放送するときにはプライバシーの問題で、モザイクを入れたりしなければならないことも多い。

スーザンさんは、個々の患者さんのところに折元さんを連れていって直接許可を取ってくれたり、とても好意的な協力をしてくれた。入院していた子どもたちも、「ああ、いいよいいよ、やろう」と、前日には言ってくれていた。

ところが翌日、その子どもの部屋を訪ねると、その子の親が「だめだ」と拒否した。理由は、変わったことをやると子どもが興奮して困ると言うのだった。

仕方がないので、ロビーなどの公共の場所で「アートママ」の作品展示やビッグシューズの展示をやっていた。でも、それだけではどうにもつまらないので、病院内の光景もカメラに収めようとビッグシューズを履いて折元さんが歩いて行くと、それを見ていた人たちが面白そうだと思い始めた。靴を持って病室の方へ近づいたときには、今まで拒否していたおばあちゃんも、急に「カメラに撮れ」と言い出した。足の骨を折ってベッドで寝ていた男性も、「靴を履かせろ」と言い出すのだった。

こんなふうに「実際には、病人たちは楽しくしたいものなのだ」と、折元さんは言う。だれだってつまらない退屈な時間より、ワクワクするほうがいいに決まってる。

同行した取材陣によると、折元さんがすごいのは英語が達者なだけでなく、日本人もイギリス人も関係ない、そんなアプローチの仕方だという。これを折元さん自身に言わせると、「おれのキャラクターだあ」ということになる。ほんとにそのとおりである。ビッグシューズが一つ置いてあれば、好奇心や楽しさを味わえるけれど、折元さん自身が言うコミュニケーションから生まれる人の心の底深くにあるワクワクしたものは、折元さんのキャラクターなしでは生じないだろう。

六　アートママ・ダイアリー

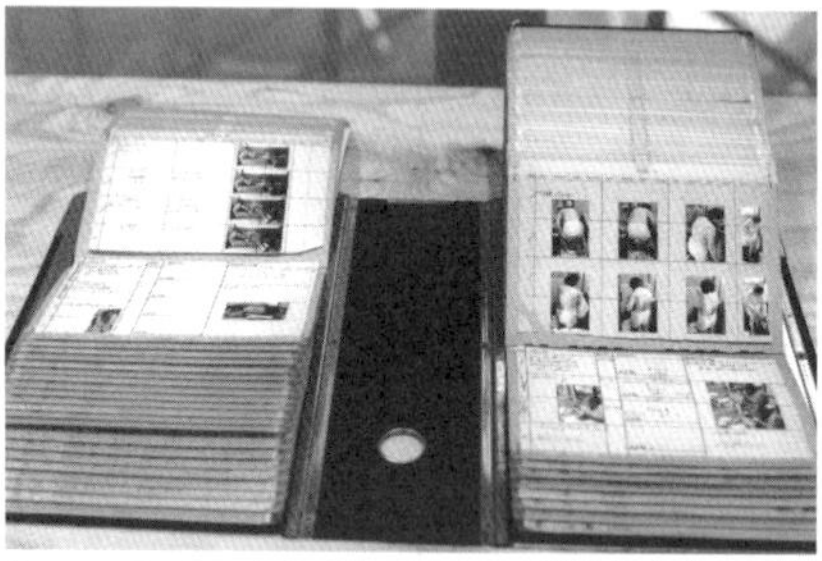

Account Book and Art Mama Diary　出納簿と母の日記
1999年

このドキュメントが撮られていたころ、散歩は、折元さんと男代さんの二人の日課だった。二〇〇二年の冬、男代さんの様態が少し悪くなって、散歩もなかなか困難になってしまった。寒いせいもあって男代さんは散歩をいやがっている。

ちょっと前までは、折元さんは雨が降らないかぎり、男代さんを散歩に連れ出していた。これまでも、静脈血栓で足が痛むし、体はだるいし、腰も痛かった。しかし、折元さんは心を鬼にして、男代さんを閉じこもったままにさせないようにしていた。

いったん散歩に出るとなると、男代さんはおめかしを始める。震える手で髪の毛を整え、ピンで留める。お気に入りの帽子をかぶって、手離すことのない杖を片手に玄関を出る。

お伴する折元さんの手には、いつもスーパーマーケットの袋がある。中には、「生活がアート」であるためのカメラが入れてある。それに食べ残っていたパンだ。

折元さんは、ものをなかなか捨てられない。だから家の中はモノだらけだ。足の踏み場もないというのは大袈裟だけれど、これが「生活がアート」の場であることもごくふつうに肯けるのだ。

この部屋を外国の美術館の賓客も訪れる。ホテルのレストランではなく、この部屋で折元さんはワンタンをご馳走する。外国からのお客さまにしてもこれは得がたいおもてなしとなってたいそう喜ばれている。さらにそこに、男代さんもデンとして迎える。

折元さんがボロボロになった靴を履いて出かけようとすると、男代さんは決まって、「新しい靴を履きなよ」と言う。でも、折元さんは、

「これでいいよ。新しいのは痛いんだから」

と、やんちゃ坊主のような答え方をいつもするのだった。

散歩のコースは、たいがい決まっている。家の前は砂利道の路地だ。そこから近くの公園までは約五〇メートル。折元さんはしっかりと、男代さんの傍らで手を取っている。公園ではベンチに座る。そこにはブランコやすべり台で遊ぶ子どもたちもいる。その声を聞きながら、しばしの休憩。

そのとき、男代さんは下を向いてじっと黙ったままになってしまう。そこで折元さんは、

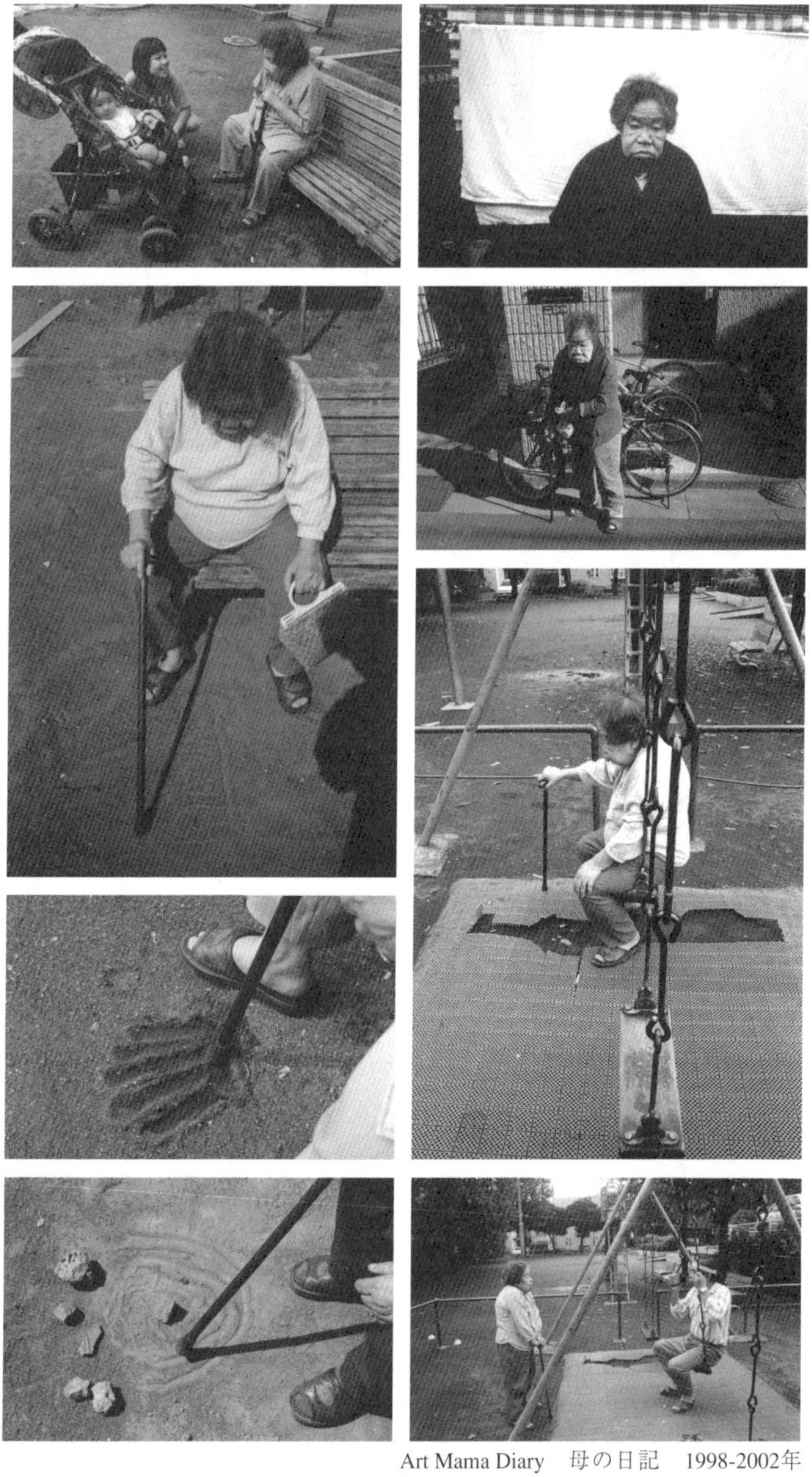

Art Mama Diary　母の日記　1998-2002年

スーパーの袋からパンを取り出し、それを男代さんの足元にちぎって捲き始めると、鳩がそこに集まってくるのだ。

折元さんはカメラを取り出して、男代さんを撮り始める。男代さんのさりげない日常のスナップを「アートママ・ダイアリー」として記録している。これも、作品作りの一環である。でも、この散歩は、もちろん作品作りだけのためではない。撮影の合間も絶えず、新聞に出ている話題や、男代さんの大好きなジャイアンツのことなどを大きな声で話しかけ続けている。それが生活であり、介護であり、そしてアートであることがよく理解できる。

そのうち男代さんは、杖を使って地面に絵を描き始める。

公園でしばしの時間を過ごした後、再び歩き始めた二人は、近所を一周する。折元さんの家の近くは、下町の風情が残っている。民家の庭先や玄関には鉢植えが置いてある。木々の緑もある。それらに目をやりながら、二人はゆっくりと歩いていく。

買い物帰りの近所の主婦や、通り道の店先の人たちが二人に気さくに声をかけてくる。

その間も、折元さんはときどき、カメラのシャッターを切っている。すると、あるとき、男代さんが突如、ポーズを取ったのだった。道路標識の柱に頭を寄せたポーズ（図）。折元さんも、そのとき一緒にいたヘルパーの人もびっくりである。このスナップがそのまま「アート」になっていることはたぶんだれもが感じることだろう。それほどに人の心に伝わるものがある。ときどきは、折元さんが男代さんに電柱を抱えさせたりもしているのだが、こんなふうに男代さん自身が自ら息子に協力することがあるのだ。

帰路、家に近づいたところの民家の塀のわきに古ぼけた木箱が置いてある。あのソバ屋の息子さんが男代さんのために置いてくれたものだ。ここに二人は腰かけて、散歩の終わりに、再び世間話を始めるのだった。

こんなふうにしながら近所の四季の移り変わりを愛でるのが二人は好きだ。こうして、散歩は約三〇分で終わる。

男代さんの若かったころは、美術というのはお金にならないものと思っていた。それがプロになった折元さんの作品が売れるのは、男代さんにとってこれほど嬉しいことはない。

折元さんは作品でお金が入ると、その稼ぎの全部を男代さんに見せる。苦労してきた男代さんは、札束を見ると目が輝く。震える手で一枚一枚お札をていねいに勘定する。その行為が見る者に露骨に見えれば見えるほど、息子が稼いできたことに対する、えも言われぬ喜びが男代さんに湧き出ているのが感じ取れるし、それはまた息子への尊敬と感謝の気持ちでもあるようだ。

折元さんは、その中から二万円を男代さんに渡すことに決めている。それは、男代さんのモデル料である。折元さんはお金を渡すことで、息子がアーティストとしてお金をもらっていることを見せるのもまた、親孝行だと考えている。

男代さんも、折元さんの作品を見ながら、右手の人差し指と中指でVサインを突き出す。でもそれはVサインではない。そのあとに、指を丸く丸めて喉元へ運び、懐へ移動する。「ギャラ、二万円ちょうだい！」のサインであった。男代さんはもらったお金を大事そうに持って、箪笥に向かい、そこにしまいこむのだ。

テレビドキュメントのエンディングでは、折元さんの作品オブジェ（88頁写真）から出

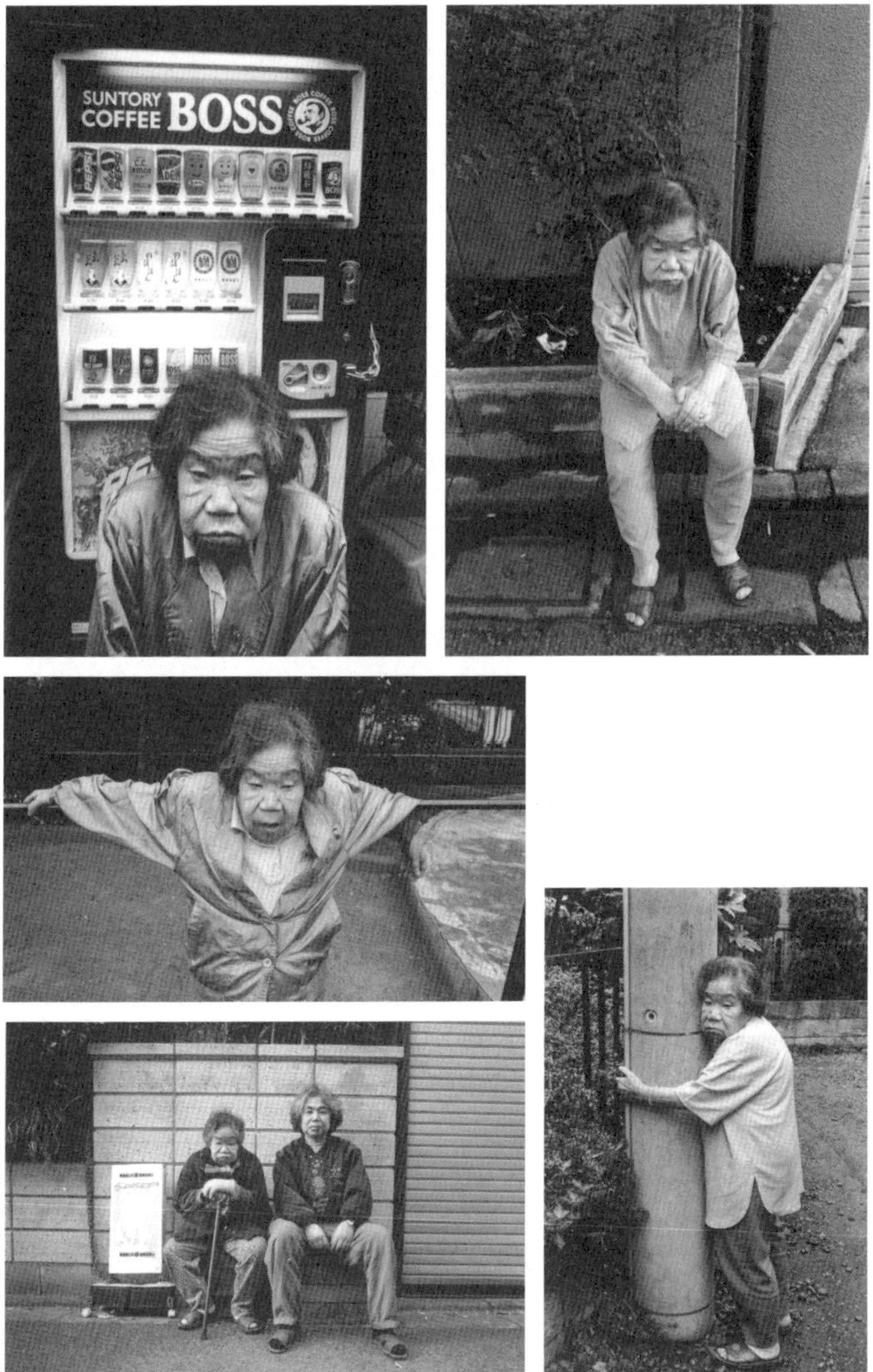

Art Mama Diary　母の日記　1998-2002年

てくる男代さんとの会話録音の再生が流れた。安い録音機器からの金属音的な響きが不思議とリアリティーと情感を漂わせていた。

「これからも長生きしたいですか」

「長生きしたいです」

「いつも何をして生活していますか」

「寝て暮らしています」

「昼間もですか」

「ええ」

「ん？」

「昼間も寝て暮らしています」

「そりゃあいいですね」

「うん」

「今は幸せですか」

「幸せです」

海外の展覧会などで家を空け続けていたある日、折元さんの目に一枚の葉書が留まった。川崎市から送られてきた男代さんの無料健康診断のお知らせだった。

母親の体を気遣う気持ちと、長い間家を空けて寂しい思いをさせてしまったという自責の念も相俟って、すぐに近所の病院に電話をした。

ふだんから病院に行きたがらない男代さんを説き伏せて、散歩のときのように男代さんの手を引き寄せながら病院に連れていった。そのときの写真も、「アートママ・ダイアリー」にある。

病院で折元さんは、男代さんの静脈血栓で腫れてしまった足はどうなっているのか、うつ病の症状は進んでいないか、気がかりになっていることを一つ一つ必死な表情で医師に問い質す。医師も折元さんの気持ちに応えて、細かい答えを返していた。

その医師からのアドバイスには、「風呂にはこまめに入れてあげること」というのがあった。これまでは、週に一回訪問看護で来てくれる看護婦さんに入れてもらう程度だった。

それでも、折元さんは、毎日、男代さんの体を拭いてあげていた。

その日、折元さんは、病院から帰ると、早速に風呂を沸かした。

うつ病の進行を和らげるには気分転換が必要で、それには入浴が一番だと医師に言われ

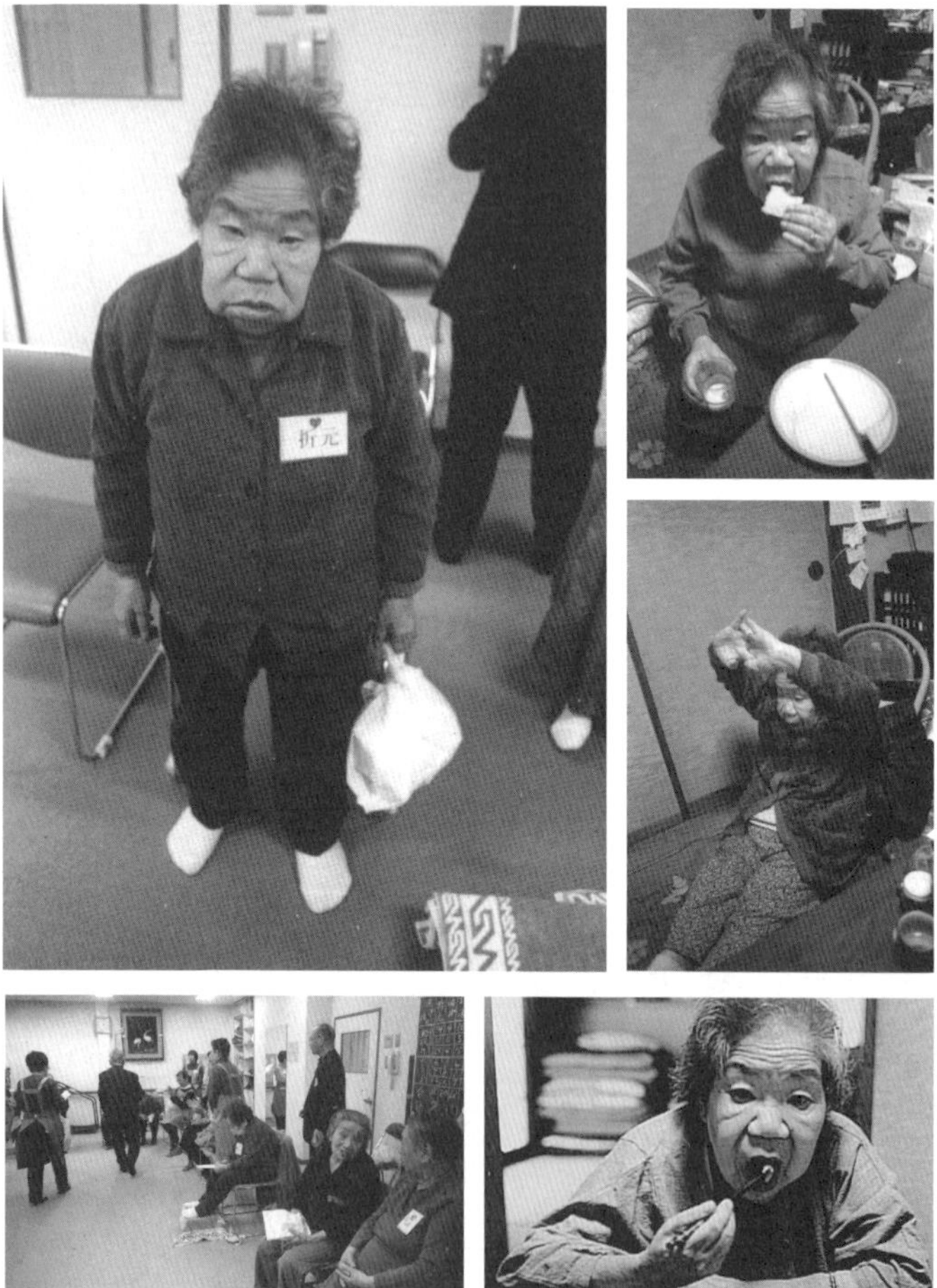

Art Mama diary　母の日記　1998-2002年

た。折元さんは今日、男代さんの入浴の世話をしている。浴槽に入って気持ちよく浸かっている男代さんの背中を流した。男代さんも今日は自分で顔を拭っている。

こういう二人だけの時間は、折元さんにとってかけがえのないひとときでもある。男代さんは黙って折元さんが話しかけるのを聞いている。

久しぶりに流した母の体に折元さんは何を感じていたのだろう。だれも老いていくことは避けて通れないし、母の姿にも一日一日衰えていく現実を認めざるを得ない。

このNHK「にんげんドキュメント」の放送で、特に介護をテーマにした雑誌の取材が多くなった。けれど、アーティスト折元立身さんの活動がなくては介護もない。

二〇〇三年の春には、アラブ首長国連邦での「パン人間」のパフォーマンスの招待もある。秋田のパフォーマンスの途中で発想した「ドラム缶アート」も発展させていきたい。

折元さんのこれからの活動は、私たちの心にきわめて直接的に語りかけてくるものであることは、このドキュメントを通して確信できることだった。

男代さんとの「アートママ生活」や秋田でのお年寄りとのコミュニケーションを通して改めて感じてきたことを、折元さんは次のように語った。

「彼らと接していると、生きる力をすごく感じる。それは理屈じゃないんだ。どれくらいお金を持っているとか、そんなことじゃぜんぜんない。年を取ればみな同じ。アルツハイマーの人は忘れちゃうかもしれないけど、覚えていなくたっていい。余命が短くても、そのときに感動すればいい。美術もそう。感動しなくちゃいい作品はできない。

一生懸命生きてきて、気持ちのいい人たちが集まって……、そこに生きている情熱があり、輝いていればいい」

〈番組名〉アートで人生に輝きを
ＮＨＫ「にんげんドキュメント」制作グループ

制作統括	原 正隆　三雲 節
構成	清水 真人
語り	黒田 あゆみ
撮影	村田 薫広
音声	泉 能暁　前田 秀行
音響効果	松田 勇起
映像技術	花田 健
編集	八角 勝利
資料提供	医療法人 惇慧会 加藤 淳
制作著作	ＮＨＫ

本書構成協力／清水真人（NHKディレクター）

アートも介護　折元立身 パフォーマンスアート

2003年3月12日　初版第1刷発行

編　者　NHK「にんげんドキュメント」制作グループ
KTC中央出版

発行人　前田哲次
発行所　KTC中央出版
〒460-0008
名古屋市中区栄1丁目22-16 ミナミビル
振替00850-6-33318　TEL052-203-0555
〒163-0230
新宿区西新宿2丁目6-1 新宿住友ビル30階
TEL03-3342-0550

編　集　(株) 風　人　社
東京都世田谷区代田4-1-13-3A
〒155-0033　TEL 03-3325-3699
http://www.fujinsha.co.jp/

印　刷　図書印刷株式会社

ISBN4-87758-299-1 C0095

別冊 課外授業 ようこそ先輩

KTC中央出版 発行

国境なき医師団：貫戸朋子
山本寛斎 ハロー・自己表現
小泉武夫 微生物が未来を救う
丸山浩路 クサさに賭けた男
吉原耕一郎 チンパンジーにハマった！
岡村道雄 やってみよう 縄文人生活
高城 剛 まぜる!! マルチメディア
綾戸智絵 ジャズレッスン
紙屋克子 看護の心そして技術
ちばてつや マンガをつくろう
名嘉睦稔 版画・沖縄・島の色
小林恭二 五七五でいざ勝負
瀬名秀明 奇石博物館物語
須磨久善 心臓外科医
見城 徹 編集者 魂の戦士
榊 佳之 遺伝子 小学生講座
玄侑宗久 ちょっとイイ人生の作り方
重松清 見よう、聞こう、書こう。
片岡鶴太郎 「好き」に一所懸命
矢口高雄 ふるさとって何ですか
川崎和男 ドリームデザイナー

（以下続刊）